延迟

The Marshmallow Test

满足

Mastering Self-control

Walter Mischel

[美] 沃尔特·米歇尔 — 著

姚辉 — 译

中信出版集团 | 北京

图书在版编目（CIP）数据

延迟满足 /（美）沃尔特·米歇尔著；姚辉译 . —
北京：中信出版社，2023.2
书名原文：The Marshmallow Test: Mastering Self-
control
ISBN 978-7-5217-4987-8

I. ①延… II. ①沃… ②姚… III. ①心理学–通俗
读物 IV. ① B84-49

中国版本图书馆 CIP 数据核字（2022）第 232743 号

延迟满足
著者： ［美］沃尔特·米歇尔
译者： 姚辉
出版发行：中信出版集团股份有限公司
（北京市朝阳区东三环北路 27 号嘉铭中心 邮编 100020）
承印者： 宝蕾元仁浩（天津）印刷有限公司

开本：787mm×1092mm 1/16 印张：18.5 字数：200 千字
版次：2023 年 2 月第 1 版 印次：2023 年 2 月第 1 次印刷
京权图字：01-2022-5224 书号：ISBN 978-7-5217-4987-8
定价：69.00 元

版权所有·侵权必究
如有印刷、装订问题，本公司负责调换。
服务热线：400-600-8099
投稿邮箱：author@citicpub.com

本书赞誉

棉花糖实验的诸多发现已经成为心理学史上极具洞见的研究成果。《延迟满足》这本书将会改变你对人性的看法。

——丹尼尔·卡尼曼

诺贝尔经济学奖获得者,《思考,快与慢》作者

《延迟满足》以迷人的笔调讲述了一则科学故事,并告诉我们,这项实验并非只针对小孩子,所有人在面对人生中的棉花糖时都能用得上。

——丹尼尔·戈尔曼

哈佛大学心理学博士,《情商》作者

《延迟满足》作者米歇尔教授用 50 多年的研究,揭示了自控力与延迟满足对一个人的人生成功与幸福的重要相关性。同时,他也用科学心理学的大量证据佐证了中华文化的传统智慧——"戒生定,定生慧"。

——彭凯平

清华大学社会科学学院院长,中国国际积极心理学大会执行主席

一个人的延迟满足能力越强,就越容易做成大事。《延迟满足》是棉花糖实验创始人米歇尔教授 50 多年的研究成果,它从脑科学和心理学的角度揭示了延迟满足对自控力的影响,并揭示了一个被大众误读的事实:延迟满足并不意味着痛苦的自我克制,而是自主快乐地掌控人生。

——樊登

樊登读书首席内容官

信息化时代，你想获得什么信息，马上就会被信息包围，因此很多人不去思考，沉溺在即时满足带来的快乐里。人们都缺乏一种动力——延迟满足的能力。《延迟满足》讲述了一个有趣的科学故事，作者沃尔特·米歇尔是棉花糖实验的创立者，也是 20 世纪极具影响力的心理学家。书里给出了提升延迟满足能力、自控力的路径和实操方法。唯有延迟满足，方可获得长久的快乐。

——刘润

润米咨询创始人

这本书不仅仅是在讲棉花糖实验及其相关研究，而是在讲整个人类的大脑。冲动系统和冷静系统的共同作用，让我们有欲望、有冲动、有自控、有规划。有的人因为一时冲动毁了一生，有的人卧薪尝胆、步步为营。如何理解自我、训练自我稳步接近成功，才是这本书的精髓所在。

——姜振宇

微反应科学研究院院长，司法心理专家，风险投资人

怎样才能让孩子未来更幸福？看完《延迟满足》的父母心里会有答案。帮助他自控，学会延迟满足的技巧，抵御眼前的诱惑，获得更长远的宝藏。在这个快速变化、光怪陆离的乌卡时代，延迟满足绝对是一种稀缺能力。

——年糕妈妈

育儿自媒体创始人，母婴育儿畅销书作者

《延迟满足》这本书不仅仅是行为心理学著作，更是脑科学著作。它帮助我们更好地认识到大脑的可塑性，让我们具备做出更明智选择，过上更幸福人生的能力。

——大 J

育儿畅销书作者，资深绘本推广人，"大 J 小 D"创始人

棉花糖实验被人们简化成一个结论，延迟满足的概念也误导了很多父母。《延迟满足》是实验设计者沃尔特·米歇尔本人对实验来龙去脉的溯本清源，破除误解的同时，让我们充分认识大脑的可塑性。延迟满足并不是痛苦的自我克制，只有快乐自主的孩子，才能真的做到延迟满足。这个结论是不是已经让你大跌眼镜？

——三川玲

"童书妈妈"创始人，幸福流写作学派创立者

缺乏自控力，再聪明的孩子也难成才。自控力来自基因，但它像肌肉一样可以通过锻炼增强，心理学家沃尔特·米歇尔在《延迟满足》这本书中给出了具体的方案和实操技巧。不管是大人，还是孩子，都可以通过有意识地训练来改变和提升自己的自控力。

——憨爸

微信公众号"憨爸在美国"创始人

《延迟满足》告诉我们，不管是大人，还是孩子，都可以通过有意识的训练来改变和提升自己的自控力，科学的策略能帮助我们修正原有的思维和行为方式，进而改变自己的命运。知识改变命运，并不是空话。

——战隼

知名自媒体 warfalcon 创始人，100 天行动发起人，时间管理专家

我们都知道自律对自己有好处，都知道延迟满足的获得感更好，但就是控制不住自己。自律程度基本上决定了"我们是谁"。学会延迟满足，才有可能实现"我们能成为谁"。这本书最好看的地方，就是把如何通过自律塑造现在之我、成为未来之我彻底讲透了。

——史欣悦

君合律师事务所合伙人，《自洽》作者

棉花糖实验揭示童年影响一生的内在逻辑，而《延迟满足》这本书就是对这项实验的追本溯源。书中着重分析了延迟满足和自控力对学业、心理和身体健康的影响，以及如何训练和增强这两种能力。

——攸佳宁

华南师范大学心理学院教授

《延迟满足》这本书有三大特点：一是通俗易懂，二是论证透彻，三是实用性强。好好阅读这本书，你将知道如何科学有效地提升自控力，并收获自我蜕变的核心秘籍。如果你想要变得更好，如果你想要帮助自己的家人、朋友、同事、学生变得更好，强烈推荐你入手这本书。

——剽悍一只猫

个人品牌顾问，《一年顶十年》作者

这本书告诉我们：自控不仅是一种能力，更是一种选择。延迟满足并非意在对欲望的一味压制，这是一种可以克服当下困境而忠诚于长远利益的心境和能力，同样是"心力"的一种内化表现。就如我提到的"心上学，事上练，难上得"，从延迟满足开始，做难而正确的事，要坚持长期主义。推荐大家深读此书。

——吴世春

梅花创投创始合伙人，《心力》《自适力》作者

人类曾经认为只有基因才有决定性作用，沃尔特·米歇尔的《延迟满足》让我们意识到，有充足的证据表明，我们自己才是行动的主体，可以通过有意识训练来提升自己的自控力，有效改变自己。

——张萌

青年作家，青创品牌创始人

有一种满足，是坚忍自律的结果。有一些成就，是通过努力不放弃而获得的。延迟满足，让孩子用更坚强健康的心态面对人生。

——阿雅

主持人

市面上曾流传着所谓的"延迟满足训练育儿法"，拿书中的"棉花糖实验"说事，告诉家长只要给孩子施压和控制，孩子就有光明的未来。此书给这种歪曲、不科学的育儿理论进行了正本清源。实际上，家长简单粗暴地故意延迟孩子的需求绝非作者所表达的自控力培养。这本书通过大量的科学研究，系统、全面地告诉我们儿童是如何做到抵制诱惑和延迟满足的，如何不太费劲就能自动提升意志力，延迟满足如何帮助我们度过一生。这些对培养孩子和对待自己都具有重要意义。

——芒果爸爸

教育公司创始人，亲子阅读推广人和践行者，百万粉丝育儿博主

父母是孩子的安全岛和副驾驶，孩子需要父母科学的鼓励、引导和支持。《延迟满足》从科学视角探讨了培养儿童自控力的技巧，拆解出了为实现这一目的应掌握的技能。提升了延迟满足的能力后，我们就可以有意识地调动大脑中的冷静系统、调节冲动系统，因而有机会摆脱诱惑的控制，学会理性选择和决策，这是至关重要的一种能力。

——李小萌

亲子教育专家

目 录

CONTENTS

PART 1

☁

第 一 部 分

棉花糖实验

PART 2

☁

第 二 部 分

延迟满足——自控力的根基

PART 3

☁

第 三 部 分

"延迟满足"如何帮助我们度过一生

PART 4

第 四 部 分

从实验室到生活

自控力在人生的每个阶段都可以帮助我们

棉花糖实验，我知道啊！延迟满足，很有争议呀！

这是编辑邀请我为这本书写序时我的第一反应。看完这本书后，我为自己的肤浅而感到惭愧，但也很庆幸，自己并没有错过这样一本好书。

这本书的作者沃尔特·米歇尔花了毕生精力研究自控力，将一项棉花糖实验追踪了半个世纪。正是这种对研究的执着与深入，让他登上了 20 世纪最著名的 100 位心理学家排行榜的第 25 位。不管你自认为有多了解棉花糖实验，这本书一定会带给你新知，这就是我读完这本书后最大的感受。

关于研究延迟满足能力的棉花糖实验，我一直存在几个疑问，而读完这本书，我才感觉自己真正打开了自控力这个黑匣子。

这本书一开始就着重谈了棉花糖实验，描述了第一次实验产生的背景，以及之后的延展和跟踪。米歇尔很真诚地和我们分享了自己所看到的实验的局限性，以及他后续是怎么运用这个实验结果的。

我之前所有的疑虑，比如自己能否在家用这个实验测试孩子的自控力？不同孩子的性格特征是否会干扰实验结果？养育模式又是否会影响实验结果？在完整了解这个实验后，这些问题基本上都有了清晰的解答。

最关键的是，这本书并没有止步于此。我之前对于延迟满足最大的疑问就在于它的实操性。也就是说，哪怕我们认可这个实验得出的相关性结论，对于父母和教育工作者来说，借鉴意义也非常小。

我知道拥有延迟满足能力的孩子未来的生活幸福度和个人成就会更高，但到底是什么形成了自控力，我们又可以怎么从小帮助孩子锻炼自控力呢？而且，延迟满足对于新手父母容易产生误导，以为不用回应孩子的需求，甚至为了训练这个能力，而故意不满足孩子。这本书的中间部分，即全书的主体就清晰、通俗易懂地讲解了延迟满足到底是什么、不是什么，影响自控力的因素有哪些，用什么策略来塑造自控力，如何将这些能力运用到生活的各个方面。

通常情况下，大众认知的自控力就是忍得住——可以调动意志力来控制自己。这往往让很多人认为棉花糖实验高深莫测，而米歇尔通过阐释大脑的冲动系统和冷静系统，让我们认识到，其实每个人的大脑都有这两个系统，这两个系统并没有优劣，只不过我们需要在做一些关键选择的时候，学会切换系统。

这个概念的引入让我豁然开朗，这两个系统的切换好比开车时换挡，我们也是可以训练大脑学会这个新技能的。在这本书的后半部分，米歇尔深入浅出地和我们分享了这些"换挡"策略有哪些。这是我特别喜欢的部分，米歇尔把棉花糖实验意味着什么，真正地掰开揉碎变成可借鉴、可复制、可操作的内容。我相信，任何父母看完都会发现：哇，原来帮助孩子调动意志力远离诱惑，先做重要的事情并没有那么难。

而且，千万别以为这件事只是对养娃有帮助，米歇尔还帮助我们每个成人做了规划，自控力在我们人生的每个阶段都可以帮助我们。我相信，不管你在人生的什么阶段，看完这本书后都会得到启发。

看到这里，我相信你肯定会和我一样，已经改变对于棉花糖实验的认知。这本书不仅仅是行为心理学著作，更是脑科学著作。它帮助我更好地认识到大脑的可塑性，并认识到在日常生活和学习中，我们可以不费力地塑造自控力，从而让我们具备做出更明智选择、过上更幸福生活的能力。

正如米歇尔在前言里所说，他写作的时候想象着和读者随意聊天的场景。因此，虽然这是一本正儿八经严谨的心理学著作，但读起来却毫无晦涩感。

我以个人最大的诚意推荐这本好书，不管你是第几次听说棉花糖实验，当你打开这本书，肯定会有很多惊喜和顿悟。我也由衷地希望，当我们合上这本书的时候，可以更好地学会控制自己的人生，并且把自己的智慧传承给我们的孩子。

大 J

育儿畅销书作者，资深绘本推广人，"大 J 小 D"创始人

引言

自我控制策略是可以习得的

我不是天生就有自控力，我的学生和我的孩子们都可以证实这一点。比如，我会在半夜打电话问学生数据分析工作进展如何，尽管分析工作当晚才开始。与朋友吃晚餐时，我总是第一个光盘的人。由于我很没有耐心，加之我在研究中发现自我控制策略是可以习得的，因此我此生都在研究这些策略。

促使我开展这项研究工作和撰写本书的初心是：我一直坚信并且通过研究发现，为了获得未来的收益而延迟当下满足的能力是一项可以习得的认知技能。半个世纪前就有相关的研究，并且这些研究至今仍在继续。诸多研究表明，这项技能在幼年时期就可以显现出来，并能够进行测量，它对人们的终身幸福和身心健康具有深远影响。更为重要的是，我们可以利用已知的认知策略对这项技能进行修正和加强，它带来的教育意义和育儿启示也是十分激动人心的。

棉花糖实验及其随后 50 年内开展的各项实验引发了对自控力的研究浪潮，仅在 21 世纪前 10 年，相关的科学出版物数量就增加了 5 倍。[1]

棉花糖实验始于 20 世纪 60 年代，在斯坦福大学幼儿园——宾幼儿园（Bing Nursery School）的学龄前儿童中开展。在这项简单的研究中，我们请孩子们做出一个十分有挑战的选择：立刻得到一个小奖励（比如一块棉花糖），或者独自等待 20 分钟后得到一个更大的奖励（比如两块棉花糖）。我们允许孩子们从各种零食中选择自己最想要的奖励，如曲奇饼干、椒盐卷饼、薄荷糖等。比如，艾米选择了棉花糖，她独自坐在桌边，同时面对一块可以立刻得到的棉花糖和两块需要等待才能得到的棉花糖。[2] 棉花糖旁边有一个按铃，她随时可以按响铃铛呼唤研究人员过来，之后她就可以吃掉那一块棉花糖。如果她没有吃那一块棉花糖，也没有离开座位，等到研究人员回来以后，她就可以得到两块棉花糖。孩子们努力克制自己不按铃，他们同自己的斗争会让你热泪盈眶，想要为他们的创造力鼓掌欢呼，并让你满怀希望：即使是幼小的儿童也能抵制诱惑，坚持到底，并做到延迟满足。

出乎我们预料的是，这些学龄前儿童在等待时的表现，他们是如何成功地做到延迟满足的，又是如何失败的，都可以在一定程度上预测他们未来的生活。他们在四五岁时能够等待的时间越长，以后在 SAT（学业评价测验）中的得分就越高，在青少年时期的社交能力和认知功能就会越强。[3] 在棉花糖实验中可以长时间等待的学龄前儿童到了 27~32 岁，体质指数较低，自我价值感更好，在实现自己的目标时更有效率，在面对挫折和压力时也更加应对自如。到中年时，如果对大脑中与成瘾、肥胖相关的区域进行扫描，那些可以持续等待（高延迟）的人与那些不能坚持等待（低延迟）的人相比，会显示出截然不同的图像。

棉花糖实验到底说明了什么呢？延迟满足的能力是与生俱来的吗？这种能力能够习得吗？这种能力有什么负面作用吗？本书致力于回答上述问题，而且答案通常会令人大吃一惊。在棉花糖实验中，我会讨论"意志力"是什么、不是什么，干扰意志力的条件，能够形成意志力的认知技能和动机，具备和使用意志力的结果。我会挖掘这些结论对于我们的启示，从而重新思考一系列问题：我们是谁；我们能够成为什么样的人；我们的思维是如何运转的；我们怎样才能控制冲动、情绪和个性，在什么情况下无法控制；我们如何改变；我们如何培养和教育自己的孩子。

每个人都渴望了解意志力是如何工作的，也都希望自己、孩子、家庭里那些正在吐着烟圈的亲戚能够轻松拥有更多的意志力。延迟满足和抵制诱惑的能力自文明产生以来就是一个重大挑战：《创世记》的故事核心就是亚当和夏娃在伊甸园中面对的诱惑。这一能力也是古希腊哲学家的思想主题，他们甚至将意志薄弱命名为"无意志力"（akrasia）。千百年来，意志力被认为是一个固定的特质，你可能具备，也可能不具备，这一看法很局限，使那些意志力薄弱的人只能成为生理、社会关系的受害者。自我控制对于追求长期目标非常关键，对于人际间的关心与支持所必需的自我约束和共情也同样重要。

它可以帮助人们避免在年幼时深陷辍学的困境或是陷入自己讨厌的工作而无法脱身，也是支撑情商和构建完美人生的一种"核心天赋"。[4]尽管意志力的重要性显而易见，但它却一直被排除在严肃的科学研究之外。我和我的学生首先揭开了这个概念的神秘面纱，构建了研究方法，展示了其对培养适应能力的重要作用，并描述了其形成的心理过程。

大众对棉花糖实验的关注自21世纪初以来持续增长。美国专栏作家戴维·布鲁克斯于2006年在《纽约时报》周日版发表了一篇关于棉花糖实验的评论文章[5]，几年后在他访谈奥巴马时[6]，奥巴马还主动问他是否想谈谈棉花糖实验。棉花糖实验在2009年《纽约客》的科学专栏正式发表[7]，之后就广泛出现在世界各地的电视节目、杂志、报纸上。《芝麻街》里有一个情景用棉花糖实验指导曲奇怪兽控制自己吞噬曲奇的冲动，这样他才能加入"曲奇鉴赏家俱乐部"。很多学校的课程设置也参考了棉花糖实验，既包括接收贫困生的学校，也包括精英聚集的私立学校。[8]国际投资公司使用它来制订退休计划。[9]在面向各种听众的关于延迟满足的研讨会上，一张棉花糖的图片已经成了固定的启动仪式。我在纽约还看到过小孩子们放学回家时穿着印有"不要吃掉棉花糖"的T恤衫，上面别着一枚大大的金属纽扣，宣告"我通过了棉花糖实验"。幸运的是，随着公众对于棉花糖实验的兴趣不断增加，在生理学和心理学领域涌现了更多更有深度的科学研究，探讨如何延迟满足并实现自我控制。

为了理解自我控制和延迟满足的能力，我们不仅需要知道是什么造就了它，还需要知道有什么会对其形成干扰。与亚当和夏娃的故事并无二致的是，各大报纸头条经常爆出当下名流非法用药、与年轻实习生或管家发生丑闻，这些名流包括总统、政府官员、受人尊敬的法官、社会道德标杆、国际金融和政治奇才、体育英雄、电影明星，这些人亲手打碎了自己的光环。这些人往往十分聪明，智商、情商超高，还是社交牛人——否则他们也无法如此闪耀。他们为什么还会做蠢事呢？他们朋友圈里的其他男男女女怎么没有深陷丑闻呢？

我尝试用最新的科学研究解释这一现象。故事的核心是人类大脑中两个紧密联系的系统：一个是"冲动"系统——感性的、反射性的、无意识的；另外一个是"冷静"系统——认知性的、反思的、缓慢的、费力的。[10] 这两个系统在面对巨大诱惑时的相互作用方式揭示了学龄前儿童是如何应对棉花糖实验的，以及意志力是如何发挥作用或失败的。实验结论改变了我对一系列问题长期以来所固有的一些设想：我们是谁，性格的本质与表达方式是什么，一个人自主改变的可能性有多大。

本书第一部分讲述了棉花糖实验的故事，展示了学龄前儿童可以做到伊甸园中的亚当和夏娃没能做到的事情。实验结果为我们找到了冷却冲动诱惑、延迟满足并实现自我控制的心理过程和策略，以及实现这些的脑部机制。在随后几十年里涌现了诸多借助尖端成像技术开展的脑部研究，探索了心脑之间的联结，并帮助我们理解了在棉花糖实验中学龄前儿童努力做到的事情。

棉花糖实验的结论不可避免地带来一个问题："自我控制力是与

生俱来的吗？"基因科学的最新研究为这个问题提供了全新的答案。研究表明，我们的大脑具有十分惊人的可塑性，改变了我们对于一系列问题的认识，比如DNA（脱氧核糖核酸）与后天养育的作用、环境与遗传的关系、性格的可塑性。基因研究的意义远远超出了科学实验室，也超出了关于"我们是谁"的普遍共识。

第一部分给我们制造了一个谜题：对于那些能够等待更大的奖励，而没有按响铃铛满足小奖励的学龄前儿童，他们所具备的能力为什么可以预测其未来的成功和幸福呢？我会在本书第二部分做出回答。在第三部分，我分析了自控力如何影响从学龄前到退休规划的整个进程，以及它如何铺就了创造成功和积极期望的道路，即"我认为我可以"的决心和自我价值感。自控力虽然不能承诺成功和美好未来，但很多时候可以帮助我们做出艰难选择，为实现目标而坚持努力。自控力的效果不仅取决于使用技巧，还取决于目标的内化、指引人生的价值观和足以战胜沿途所遇挫折的强大动机。在第三部分中，我会介绍如何动用较少的努力自动地提升意志力，从而驾驭自控力构建这样的人生。正如人生本身一样，这个过程也会以你意想不到的方式展开。我不仅会讨论如何抵制诱惑，还会讨论各种有挑战性的自控力，包括抚平伤痛、消弭心碎、避免在做出重大决定前思虑过多而导致抑郁。第三部分展示了自控力的优势，也指出了其局限性：拥有太多自控力的人生也可能像没有自控力的人生一样缺乏成就感。

在第四部分，我分析了棉花糖实验对于公共政策的启示，主要关注从学龄前就将自控力课程纳入教育干预，从而为生活在有害压力条件下的儿童提供构建美好人生的机会。然后我将本书中所使用过的、有助于日常自控力形成的概念和策略进行了总结。最后一章讨论了自控力、基因和大脑可塑性的研究结论如何改变了我们对于人性的认识，以及对"我们是谁""我们能够成为谁"的思考。

在棉花糖实验中，我把自己想象成正在与你——本书的读者——随意聊天，就像和我的新朋旧友一起聊天一样，我们的对话从一个问题开始，即："棉花糖实验最近有什么进展呢？"很快我们就切入与我们生活息息相关的研究结论：养育儿童、雇用新员工、避免不明智的商业决策和个人重大决定、避免心碎、戒烟、控制体重、改革教育、理解我们自身的脆弱和力量。这本书是写给你们当中曾经像我一样与自控力做斗争的人的，也是写给想要深入了解人类内心活动的人的。我希望棉花糖实验可以为你开启一些新的话题。

棉花糖实验

第一部分的研究开始于 20 世纪 60 年代，在斯坦福大学幼儿园 ——宾幼儿园里的惊喜屋，我和学生开发了棉花糖实验的方法。我们告诉幼儿园的学龄前儿童：他们如果可以等一会儿，就能得到两块棉花糖；如果想马上得到棉花糖，就只能得到一块。然后我们观察这些孩子自我控制的持续时间和方式。我们在一个单向透视的玻璃窗后面观察他们，看到孩子们一直在努力控制自己，努力等待着，我们越观察，越震惊。我们建议孩子们用不同的方式看待奖品，有些方式可以让他们很轻松地抵制诱惑，但有些会让这种努力变得格外艰难。有些情况下他们可以持续等待，有些情况下研究者一离开房间他们就会按响铃铛。为了研究这些不同的情况，我们继续实验，观察他们在控制自己时是如何思考和行动的，什么样的做法可以让他们更容易控制自己，什么样的努力是注定失败的。

这项研究持续了很多年。最终我们形成了一个模型，用来描述学龄前儿童和成年人在抵制诱惑并最终取得成功的过程中，心理和大脑是如何工作的。怎样才能实现自我控制呢？这不是单纯靠坚持或者说"不"就可以实现的，而是要改变我们的思维方式。这就是我在第一部分中要讲的故事。有些人确实在幼年时就可以比其他人更加自控，但几乎每个人都可以找到方法使自控变得容易一些。第一部分会展示这些方法。

我们还发现，自我控制的迹象其实在幼儿的行为中就已经显现了。那么自控力是天生的吗？对于先天与后天的迷思，遗传学的最新发现彻底改变了人们的早期观点。第一部分的末尾会参考遗传学的最新成果回答上述问题。这些全新的理解对于我们思考下述问题具有积极意义：如何培养和教育孩子，如何理解他们和我们自己。我会在后面的章节讨论这些问题。

第 1 章

棉花糖实验的缘起

在巴黎一座以勒内·笛卡儿命名的医学院雄伟的石柱门外，一群学生聚在大街上，一根接一根地抽烟，烟盒上就是醒目的大写标语"吸烟有害健康"。这种矛盾的情形屡见不鲜，人们即使知道当下的满足会在未来产生不良后果，往往也不会拒绝当下的满足。

我们在自己和孩子身上都可以看到这些人的影子。我们每次许下最真诚的新年愿望后，都会见证意志力的失败：戒烟、健身、停止与你最爱的人吵架，这些决心统统都会在 1 月底消散。我曾经有幸与诺贝尔经济学奖获得者托马斯·谢林共同参加了一个关于自我控制的研讨会。他是这样描述由于意志力薄弱而导致的矛盾情形的：

> 我们该怎样定义这种"理性的消费者"呢？我们都认识这样的人，我们当中也有这样的人。他们碾碎手里的香烟，扔进垃圾桶，痛恨地告诉自己："不想让自己的孩子成为孤儿，就不要再

冒着患肺癌的风险抽烟了。"三个小时后，他们却又满大街去寻找还能买到香烟的小卖店。面对一顿高热量午餐，他们明明知道吃了会后悔，但当时会毫不犹豫地吃下去，自己都不明白为什么会失控。为了平衡一下，他们计划吃顿低热量晚餐，但还是想吃一顿高热量晚餐，明明知道吃了会后悔，但当时又毫不犹豫地吃了下去。明明知道自己还没有为明天的晨会做好准备，这个会议对自己的职业发展至关重要，而明早起床会惊出一身冷汗，但他们还是都闷地坐在了电视机前。出发去迪士尼前，他们知道孩子们可能会干什么"好事"，他们进行心理建设，告诉自己一定不要情绪失控，可是当孩子们干了这些"好事"后，他们还是情绪失控，搞砸了孩子们的迪士尼之旅。[1]

关于意志力是否存在及其特质，相关争论从未停止，人们还身体力行地开展实验：有人去挑战攀登珠穆朗玛峰；有人可以忍受多年的自我否定与残酷训练，只为参加奥运会或成为芭蕾舞明星；有人甚至可以戒掉毒瘾；有人可以坚持严苛的节食计划；多年的老烟枪甚至能成功戒烟；但也有人下了同样的决心后，最终却失败了。如果我们深刻地审视自我，我们该如何解释意志力、自控力是如何发挥作用，又是如何失败的呢？

我在 1962 年来斯坦福大学担任心理学教授之前，在哈佛和特立尼达研究决策行为。我曾经做过一个实验，让孩子们做出两种选择：现在得到较少的糖果，或者是稍晚得到较多的糖果（我会在第 6 章中讨论这个实验）。当面对诱惑时，我们延迟满足的决定和坚守这个决定的能力很快就会背道而驰。走进一家餐厅时，我可以笃定地认为："今晚不吃甜点！我必须降低胆固醇，我的腰围不能再长了，下次验血的结果别太糟糕……"可是当甜点推车经过时，服务生拿着巧克力在我眼前一晃，还来不及思考，刚才的决心就消失在自己嘴边了。由于这种情形经常出现在我身上，我开始好奇，要如何才能坚守，而不是放弃原有的决心呢？人们是怎样延迟满足，坚持等待，并最终抵制诱惑的呢？棉花糖实验就是可以用来研究这一问题的工具。

开展棉花糖实验

从人类远古时期开始到启蒙运动、弗洛伊德主义的发展时期，直到今日，儿童始终被认为是冲动的、无助的，他们无法延迟满足，只寻求当下的满足。[2]当我带着这些天真的设想观察三个年纪相近的女儿（朱迪、丽贝卡和琳达）时，她们幼年时期发生的变化出乎我的预料。最初她们总是在咯咯笑、大喊大叫，后来就学会了使用一些巧妙的小伎俩激怒对方，同时还能迷惑父母，然后渐渐成了能够与他人贴心对话的人。只有几岁的时候，她们就可以坐着一动不动地等待她们想要的东西。我尝试理解在餐桌前看到的情景：在面对诱惑，并且没有人监督的情况下，她们能够自控并延迟满足，至少是一小会儿的时间。此时她们的小脑袋里到底在想些什么？对此我没有一点线索。

我希望理解意志力，特别是为了得到未来的结果而延迟满足的能力。人们在日常生活中是如何感受并使用它的呢？如果做不到又是因为什么呢？为了将思考向前推进一步，我们需要研究孩子们怎样发展这个能力的方法。当三个女儿在宾幼儿园时，我就看到了她们展现出的这种能力。这所刚刚建成的幼儿园就是一个理想的实验室，就在斯坦福大学校内，是一个开展早期教育和研究的综合机构。幼儿园内单向透视的大玻璃窗可以看到游乐场，还有装有监控的小型研究室，可以在孩子们毫不知情的情况下观察他们的行为。我们使用其中一间开展研究，并且告诉孩子们这里是"惊喜屋"。我们就在那里带着孩子们做"游戏"，其实就是我们的实验。

我带着研究生埃贝·埃布森、伯特·摩尔、安东尼特·蔡司和其他一些学生在惊喜屋里工作了几个月。设计实验，开展小规模测试，对流程进行微调，这个过程虽然有趣，但也很有挑战性。比如，把需要等待的时长告诉学龄前儿童（5分钟或者15分钟）会影响他们实际等待的时长吗？我们发现关系不大，因为他们太小了，并不理解这样的时间差异。奖励的数量有关系吗？确实有关系。但应该是哪种奖励呢？我们需要制造一个尖锐的矛盾：一边是可以让小孩子们情绪激动，并能立刻得到的奖励；另一边是两倍的奖品，但是需要他们等待至少几分钟的时间。奖品对孩子们来说必须有足够的诱惑力，必须是恰当的，但同时又可以方便、准确测量。

50年前，孩子们可能跟现在的小孩一样喜欢吃棉花糖，但是除非马上刷牙，父母有时候不允许他们吃，至少在宾幼儿园里是这样的。但由于没有统一的喜好，我们提供了多种奖品供孩子们选择。无论他们选择什么，我们都提供两个选项：立刻得到一个奖品，或是等到研究者返回时得到两个奖品。当时实验设计的各种细节已经消耗我们所有的精力，这时候联邦政府机构又拒绝了我们的资助申请，并建议我们去向糖果公司申请赞助，这把我们推向了绝望的边缘。我们甚至一度觉得他们的话很对。

信任是影响是否愿意延迟满足的一项因素，我之前在加勒比海地区的研究证明了这一因素的重要性。[3]为了确保孩子们能信任做出承诺的研究人员，研究人员会跟他们玩耍一会儿，直到他们放松下来。然后孩子们被安排在一个放着按铃的小桌子周围坐下。为了进一步增加信任，研究者会重复一个过程：他们一步步走出房间，然后让孩子们按响铃铛，研究人员就立刻跑回来，跟孩子们确认："你看，你把我叫回来了！"只要孩子们一召唤，研究人员就会回来。直到孩子们理解了这一点，另外一个"游戏"——自控力实验——就可以开始了。

虽然我们尽量使实验简单化，但实验的学术题目相当复杂："学龄前儿童为了获得较多的延迟奖励而自我实施的推迟当下满足的案例研究"。幸运的是，几十年后专栏作家戴维·布鲁克发现了我们的实验并把它发表在《纽约时报》上，标题为《棉花糖和公共政策》，媒体给它起了个绰号叫"棉花糖实验"。尽管我们在实验中并不总是用棉花糖做奖励，但这个名字一直沿用至今。

我们在20世纪60年代设计实验时并没有拍摄孩子们。20年后，为了记录棉花糖实验的过程，并演示孩子们在等待奖励时的不同策略，我的博士后莫妮卡·罗德里格斯在智利一所公共学校使用隐蔽摄像机对一群五六岁的孩子进行了拍摄。莫妮卡使用了与我们原始实验相同的程序。最先出现的是伊内兹，一个表情严肃、眼睛发亮的可爱的一年级小女孩。莫妮卡把伊内兹安排在学校研究室一张小桌旁坐下，伊内兹选择了奥利奥饼干作为奖励。桌子上有一个按铃和一个餐盘尺寸的塑料托盘，上面一边放了一块饼干，另一边放了两块饼干。把可以立刻得到的奖励和需要延迟得到的奖励同时留给孩子们，是为了让他们更加相信只要等待就可以把奖励拿到手，同时也可以强化他们内心的冲突感。桌子上没有任何其他东西，房间里也没有玩具或是其他有趣的东西分散孩子们的注意力。

听到选项后，伊内兹希望得到两块饼干而不仅仅是一块，并且也能够理解：莫妮卡必须离开房间去工作，但她可以随时按铃召唤莫妮卡回来。莫妮卡请伊内兹试了几次铃铛，并反复演示每次自己都会立刻返回房间。然后莫妮卡解释结果：如果伊内兹独立等到莫妮卡返回就可以得到两块饼干；如果不想等待，则可以在任何时刻按响铃铛，按响铃铛、开始吃饼干、离开座位，都只能得到一块饼干。为了确定伊内兹完全理解，莫妮卡请伊内兹复述了所有指令。

在莫妮卡离开房间后，有一刻伊内兹非常痛苦，她的表情逐渐难过起来，表现出明显的不适感，后来都快要哭了。接下来，她低头看了一眼饼干，睁大眼睛盯了足足十几秒，陷入了沉思。突然，她伸出胳膊，就在她的手马上要碰到铃铛的时候，她立刻停了下来。她用食指小心翼翼地、试探性地在铃铛上面晃动，非常接近但不触碰铃铛。她一遍又一遍地重复，好像是在逗自己玩。然后她把头甩向了一边，不看托盘和铃铛，大笑起来，就好像她做了一件超级搞笑的事情。她用手捂住嘴巴阻止自己大叫，小脸上堆起笑容为自己庆祝。所有看到视频的人都会产生共情，跟着伊内兹一起大笑，并为她喝彩。她咯咯地笑够了，又接着戏弄那个按铃，但是这次她先是竖起食指发出"嘘"声，然后用手掌盖住已经紧闭的嘴唇，还小声说"不要，不要"，好像是在阻止自己刚才假装要做的事情。20分钟过去了，莫妮卡"只能"主动回来了，但是伊内兹没有马上把奖励吃掉，而是把饼干放进了袋子，带着胜利的喜悦雄赳赳、气昂昂地走出了房间，因为她想要把饼干带回家给妈妈，让妈妈看看她的成就。

恩里科，比同龄小孩大一圈，穿着彩色T恤，帅气的小脸上顶着整洁的金色刘海，等待的时候非常有耐心。他把椅子斜靠在自己身后的墙上，不停地敲打着，一边无聊地、无奈地盯着天花板，一边使劲地喘气，好像非常享受他制造的撞击声。他一直在敲，就这样等到莫妮卡返回，然后得到了两块饼干。

布兰卡一直在忙着演哑剧，就像查理·卓别林的独角戏。在剧里，她小心地告诉自己在等待奖励的时候可以做什么、不能做什么。她甚至把空空如也的手掌放在鼻子前，闻着想象中的美味。

哈维尔有一张聪明的小脸，眼光犀利，洞穿一切，等待的时候像是完全沉浸在一个严谨的科学实验中。他表情保持专注，试验在不弄响铃铛的前提下能以多慢的速度举起铃铛并在空中移动。他把铃铛举过头顶，认真地斜视它，然后再把它放到桌子上尽可能远的位置，并且使这个过程尽量慢、尽量长，这是一项出色的精神运动控制技巧，他展现出了一个科学家的想象力。

罗贝托6岁，米色的校服夹克，白色衬衫配深色领带，穿着得体，头发整洁。莫妮卡离开房间时，他迅速看了一眼门口，确认门关好后，迅速地开始研究饼干托盘，舔舔嘴唇，抓起离他最近的一块饼干。他小心地打开奥利奥，露出中间的白色奶油，开始歪着脑袋用舌头小心翼翼地不停地舔奶油，中间只有一秒的停顿，微笑着肯定自己的行为。把奶油舔干净之后，他娴熟地把奥利奥的两半重新对起来，喜悦的表情更加明显了，然后他把没有夹心的饼干放回托盘。接下来，他以最快的速度对另外一块奥利奥进行了同样的处理，把夹心吃光后，再设法把剩下的两半对起来，并放回托盘保持原状。他环顾四周，目光扫过门口，确保一切正常。此时他就像一位演技精湛的演员，缓慢低头，歪头把下巴和脸颊放在右手手掌上，胳膊肘撑在桌面上。他把面部表情转化为一个纯真无邪的样子，眼神里充满信任和期待，用小孩子特有的天真好奇地盯着门口。

每一个看到视频的观众都为罗贝托的表演喝彩、大笑、鼓掌。其中一位来自美国顶尖私立大学的知名教务主任竟然大声喝彩："如果他来我这儿读书，我给他发奖学金！"我觉得他并不是在开玩笑。

预测未来的测试？

我们在设计棉花糖实验时并没有把它作为一项"测试"，其实我一直不太相信那些试图预测现实生活的心理测试。我经常提到通用人格测试的诸多局限，并且决心不去开发这样的心理测试。我和学生设计棉花糖实验不是为了测试孩子们表现得好不好，而是为了发现是什么使他们在想做某事的时候做到了延迟满足。我们从来没有想过要根据学龄前儿童等待奖励的时长去预测他们未来生活中值得了解的东西，而且所有试图通过幼年时期的心理测试预测远期生活状态的想法也无一成功。[4]

可是当棉花糖实验过去几年后，我开始认为儿童在实验中表现出的行为和他们后来的人生进展具有一些关联。我的三个女儿都在宾幼儿园就读，几年后我时常会询问她们幼儿园小伙伴的近况。这并不是系统的跟踪调查，只不过是晚餐时间的随意对话："黛比怎么样？""山姆最近怎么样？"等她们到十几岁时，我开始让女儿们用0至5分来表示她们在学校的社交表现。我发现，这些儿童在棉花糖实验中的表现与女儿对她们的成长所做的非正式评价之间可能存在一定关联。将女儿的打分与原始数据进行比较后，我发现了清晰的关联，我意识到我和学生必须认真地研究这种相关性。

那是在1978年，当时菲利普·K. 皮克（现任史密斯学院的资深教授）是我在斯坦福新招的研究生，他与安东尼特·蔡司、鲍勃·蔡司 等学生密切配合，夜以继日地工作，开展延迟满足的研究，后来发展成了斯坦福大学的纵向研究课题。菲利普对于研究的设计、实施和推进发挥了重要作用。我们的团队从1982年开始，向曾经参加棉花糖实验的儿童家长、教师、学术顾问发放问卷，针对与控制冲动相关的行为和性格进行了调查，包括孩子们的计划能力、人际关系和社会交往的技能与效果（比如，他们与同事的关系）、学业成就。

1968—1974 年在斯坦福大学宾幼儿园里参加棉花糖实验的儿童超过 550 人，我们每 10 年对儿童的样本开展一次跟踪调查，使用一系列方法对他们进行评估。我们在 2010 年（他们 45 岁左右）和 2014 年也进行了信息收集，包括他们的职业、婚姻状况、身体状况、经济条件和心理健康状况。从最早的追踪调查至今，结果都让我们感到震惊。

青春期：社交与成绩

在第一个跟踪研究中，我们向父母们寄出了少量的问卷，请他们想想："孩子与同学、小伙伴等同龄人相比，表现如何？"我们请父母们将自己的儿子或者女儿与小伙伴进行比较，在 1 到 9 分之间进行评分（从"一点儿也不好"到"一般""极其优秀"），我们同时拿到了老师对他们在学校的认知技能与社交技能的评分。[5]

在棉花糖实验中可以延迟较长时间的学龄前儿童，在十几年后的青少年期面对挫折时，会展现出较高的自控力，不容易屈从诱惑，注意力不易被转移，更聪明、独立、自信，更相信他们的自我判断。相比那些延迟时间较短的儿童而言，这些孩子在面对压力时不容易崩溃，不爱唠叨，不会缺乏条理，也不会做出幼稚的行为。而且他们未雨绸缪、善于计划，被激励时更有能力追求自己的目标。他们更加专注，更擅长使用理智，不容易受到挫折的干扰。总之，这些孩子打破了麻烦不断、顽固不化的青春期典型形象，至少在父母和老师的眼中是这样的。

SAT 是在美国申请大学必须参加的考试，为了测量孩子们实际的学业成绩，我们请父母提供了他们 SAT 考试的语言成绩和数学成绩。为了评估父母提供的成绩的可靠性，我们还联系了 SAT 考试的组织方——教育考试服务中心。学龄前在棉花糖实验中等到最后的学生的 SAT 分数要高得多。[6] 只能等待很短时间的儿童（后面 1/3）与等待较长时间的儿童（前面 1/3）相比，SAT 考试分数的总体差异是 210 分。[7]

成年：事业与健康

在实验中可以延迟较长时间的儿童到了 25~30 岁时 [8]，根据自述，他们可以追求并实现长期目标，较少吸食毒品，达到了较高的教育水平，并且身体肥胖指数非常低 [9]。他们在处理人际问题和维护亲密关系中也更加自如、适应性更强（在第 12 章详细讨论）。在我们数十年的跟踪调查中，最初在幼儿园中得到的研究成果逐渐显示出更加惊人的影响力、稳定性和重要性：如果根据学龄前儿童在棉花糖实验中表现出的行为可以如此广泛、如此深远地预测（达到统计意义上的显著水平）他们后来的生活，那么必须思考这一成果对于公共政策及相关教育领域的启示。形成自控力的关键是什么呢？这是可以习得的吗？

但是，考虑到 20 世纪 60 年代和 70 年代斯坦福大学的形势、加利福尼亚的形势，以及当时正值反主流文化的高潮和越南战争的激战时期，我们的发现也许只是偶然。在斯坦福大学开展研究的几十年后，为了验证这一点，我带领学生与众多合作者开展了一系列其他研究：脱离权威的斯坦福大学校园，在不同时期对不同人群开展实验，比如纽约南布朗克斯的公立学校。[10] 我们发现，即使对生活在截然不同背景和条件下的儿童开展实验，也会产生相同的结果，我会在第12章详细描述这一发现。

中年人的脑部扫描

正田裕一现任华盛顿大学教授，从 1982 年进入斯坦福大学心理学院后一直在与我密切合作。2009 年，也就是宾幼儿园实验的参与者大约 45 岁时，我和裕一邀请来自美国不同机构的认知神经科学家组建了一个团队，开展了另外一项跟踪研究。团队成员包括密歇根大学的约翰·乔耐德、斯坦福大学的伊恩·戈特利布和威尔·康奈尔医学院的 B. J. 凯西。这些成员都是社会神经科学（研究大脑机制如何支撑我们思考、感受和行动）领域的专家。他们使用功能性磁共振成像的方法研究大脑的这种机制，用图像显示个体在执行各种心理任务时的脑部活动。

我们希望检测到不同人群脑部扫描的可能差异，从而解释这样一个问题：在同样参与了棉花糖实验的人群中，为什么有些人的自控力始终较高，而有些人的自控力始终较低。我们从美国各地邀请了原来宾幼儿园的男性校友，在重返斯坦福大学的几日内，我们对他们进行了认知测试，并在斯坦福大学医学院对他们的大脑内外部进行了扫描。在这期间我们提供了重访幼儿园的机会。

脑部图像显示，在幼儿园时可以抵制棉花糖诱惑，并且在这么多年后依然保持较高自控力的人，与自控力低的人相比，他们的前额纹状体（连接动机和控制过程）区域产生的活动截然不同。[11] **对于可以等待较长时间的人而言，他们大脑中负责有效解决问题、创造性思维和控制冲动的前额纹状体区域更加活跃**。反之，对于只能延迟较短时间的人而言，他们大脑中的腹侧纹状体（位于脑部更深的原始部位，与欲望、快感和成瘾相关）更加活跃，特别是当他们试图抑制自己对情绪冲动和诱惑刺激的反应时。

B.J. 凯西在与媒体讨论这些发现的时候指出，低延迟满足者像是在被强大的发动机驱动着，而高延迟满足者对此具备更好的"心理刹车"（mental brake）。这项研究提出了一个重要的观点：在我们的测量方法下，低自控个体在日常生活中控制大脑并不困难，只有当他们面对极大的诱惑力时，大脑和行为才会显示出明显的冲动控制问题。

第 2 章

孩子们是如何抵制诱惑的

　　棉花糖实验及其随后几十年的后续研究都说明了一个事实：儿童期的自控力对于人生的发展至关重要，使用简单的方法就可以对这项能力进行评估（至少是粗略评估）。在实验过程中，有些儿童等待的时间长到让人难以忍受，而有些儿童在几秒钟内就会按铃，我们的研究难点就是解密其中的心理机制和大脑机制。如果能够对形成和瓦解自制力的条件进行识别，也许可以帮助那些不擅长等待的人。

　　我之所以选择学龄前儿童开展研究，是因为我见证了自己孩子身上发生的变化，发现这个阶段正是小孩子们开始理解"后果"的时候。他们完全能够领会如果选择了小奖励，就不能得到更心仪的、更多的奖励。该项能力的个体差异也正是在学龄前开始显现的。

分心策略

从出生开始，似乎很多奇迹都发生在学会爬行、说话、走路、上幼儿园的过程中。婴儿期，需要帮助时只能大哭；到了学龄前，为了得到期待中的两块饼干，他们可以独自坐在椅子上漫长地、无聊地等待，这一转变在我看来不可思议，他们是怎样做到的呢？

一个世纪前，弗洛伊德认为，新生儿是完全被冲动驱使的生物，但随着母乳喂养的结束，这种生物本能会从追求即刻满足转变为追求延迟满足。这一转变是如何发生的呢？在经过认真思考后，弗洛伊德在 1911 年提出了自己的观点：在出生后的几年内会产生这种转变的原因是，婴儿对自己需要的物体——母亲的乳房——建立了心理的"幻觉影像"[1]，并会持续关注它。用弗洛伊德的话来说，婴儿的本能和性能量都指向这一幻觉影像。在弗洛伊德的理论构建中，这种视觉呈现方式可以"捆绑时间"[2]，它使婴儿有能力禁止并推迟对即刻满足的冲动。

对奖品进行心理呈现并充满期待，有助于为了实现目标而努力。这一观点非常激动人心，但当时还未发明可以窥视人类大脑的成像仪器，如何对儿童开展验证尚不明确。我们发现，引导儿童对所期待的奖品进行心理呈现的最直接方式是让他们在等待的时候看到奖品。在最早的实验中，当儿童选择了最想要的奖品后，研究人员会采取两种做法：一是把奖品放在不透明的托盘里摆在他面前让其清楚地看到；二是把奖品放在托盘下面遮挡起来，这个年龄段的儿童完全可以理解奖品是确实存在的，只不过是在托盘下面。³你认为在哪种情况下学龄前儿童最难坚持等待呢？

你可能凭直觉就能猜对：当奖励暴露在外面时诱惑力更大，这种等待非常煎熬；遮挡奖励会让等待变得容易一些。当奖励（无论是延迟的两个，还是当下的一个，或者是同时出现）展现在眼前时，学龄前儿童等待的平均时长不超过1分钟，但当奖励被遮挡后，他们可以等待长达10倍的时间。虽然回想起来这个结果似乎显而易见，但是我们需要证明才能确认我们已经找到一个真正具有诱惑力的、冲突性的情境。

把奖品暴露在外让孩子们等待时，我透过单向透视窗暗自观察了他们。有些儿童会用手把眼睛蒙住，或者把头枕在胳膊上看其他方向，抑或把头扭开避免直视奖品。他们大多数时间会竭尽全力把目光移开，但偶尔也会偷看一眼以提醒自己奖品还在那里，值得他们继续等待。还有些小孩会悄悄地自言自语，用几乎听不到的声音向自己发出指令，从而反复确认自己的想法："我要等待，以拿到两块饼干。"或者大声重复他们选择的结果："如果按了铃铛，我只能得到一块饼干，如果我等一等就可以得到两块。"还有一些小孩会把铃铛和托盘从眼前和手边推远，一直推到桌子的另一边。

成功的延迟者创造了各种转移注意力的方法，以便淡化冲突和他们正在感受的压力。为了从烦躁的等待中转移注意力，他们会插入有趣的想象，打赢意志力的战争：创作小歌曲（"这一天多美妙，万岁！这是我在红木城①的家！"），制造搞怪表情，抠抠鼻子，掏掏耳朵，摆弄他们发现的东西，手脚并用发明游戏，把脚趾当成钢琴键盘弹。如果所有转移注意力的方法都用完了，有人会闭上眼睛试着睡觉。比如一个小姑娘，抱起胳膊，把脑袋枕在上面，趴在桌子上，最后竟然睡着了，小脸距离那个醒目的铃铛只有几英寸②。学龄前儿童能够掌握这些策略堪称奇迹，如果你曾经参加过某些枯燥的讲座，你会发现孩子们的做法与坐在讲座前排的人非常相似。

父母带着儿童长途开车时，一般会帮助他们自娱自乐，使旅程过得快一点儿。我们在惊喜屋也尝试了这种方法：等待开始之前，我们告诉孩子们在等待的时候可以想出一些"有趣的主意"4，并且提示他们几个例子，比如，"妈妈推我荡秋千，我上去下来，更高一点儿，上去下来"。只需提示几个简单的例子，即使最小的孩子也具有神奇的想象力，能够找到他们自己的有趣想法。如果研究人员在离开房间之前提示他们使用这种有趣的想法，即使把奖品暴露在外，孩子们也可以等待平均10分钟以上。他们自己创造的有趣想法会对抗奖品暴露的冲击力，等待时长可以与遮盖奖品的情况一样。如果不提前设计分心想象，他们的等待时长不超过1分钟。相比之下，如果提示他们一直想正在等待的奖品（比如，"如果你愿意，你可以在等待的时候想想棉花糖"），这样他们一定会在门关上后很快就按响铃铛。

---

① 红木城，Redwood City，美国城市，也称雷德伍德城。——译者注
② 1英寸 ≈2.5 厘米。

对需求物的幻想

为了让实验的参与者更容易形成弗洛伊德头脑中的心理图像，我们给孩子们展示了奖品的图片而不是直接摆放奖品。我和研究生伯特·摩尔（现任得克萨斯大学达拉斯分校行为与脑科学学院院长）把孩子们选择的奖品以真实尺寸的完美图片展示给他们。图片使用幻灯片放映机（当时最好的技术）的屏幕显示，放映机就放在孩子们围坐的桌子上。举例来说，如果一个孩子选择的奖品是棉花糖，他在等待的时候就会看到一张棉花糖的幻灯片。[5]

我们收获了一个巨大的惊喜：结果完全扭转了。把真实的奖品摆在眼前会让延迟难上加难，但展示奖品的真实照片会让等待轻松很多。与看到无关图像，看不到任何图像，或者看到真实奖品的儿童相比，看到真实照片的儿童可以等待的时间几乎延长了两倍。非常重要的是，图片必须是孩子们想要得到的奖品，不能是与他们所选奖品相似的东西。总之，让等待变轻松的是奖品的照片，而不是奖品本身。这是为什么呢？

莉迪亚是一个4岁的小姑娘，粉嘟嘟的小脸，明亮的蓝眼睛，满脸带笑。我问她是怎么面对奖品的图片等到最后一刻的。"图片不能吃呀！"她一边回答一边开心地品尝起属于她的两块棉花糖。如果4岁的小姑娘一直盯着她想要的棉花糖，她很可能会只关注棉花糖的诱人之处并按响铃铛；如果她看到的只是图片，这张图片可能只是一个冰冷的提示，告诉她在等待后能够得到什么。正如莉迪亚所说，图片不能吃，弗洛伊德可能也想到了：**对需求物的幻想是无法食用的**。

我们的一项研究中有一个前提条件——对那些直接看到奖品的儿童，研究人员出去之前要说下面一段话："你可以假装它们不是真的，只是一些图片。如果你想要这样做，并且也愿意这样做，你就可以在心里给这个东西加一个相框，就像一张图片一样。"对那些看到奖品图片的儿童，要引导他们想象奖品是真实存在的[6]："你可以在心里认为它们在你面前是真实存在的，努力相信它们就在那里。"

面对奖品的图片，孩子们可以平均延迟18分钟；但当他们假装在眼前看到的是真实的奖品而不是图片时，他们等待的时间不超过6分钟。面对真实奖品时，一般情况下他们延迟的时间不超过1分钟；但如果把奖品想象成图片，他们可以等待18分钟。他们在想象中创造的图像会战胜摆在桌子上的物品本身。

诱惑聚焦和冷静聚焦

加拿大认知心理学家丹尼尔·伯莱因在半个多世纪前就对刺激物的两个方面进行了区分。[7]首先，具有诱惑力、吸引力的刺激物是可以被消耗的，也是可以唤起欲望、激发欲望的。具体到我们的实验而言，它让你想吃掉棉花糖，并且在吃掉时是愉悦的。其次，它具有可描述的特点，这包括非感性的、认知层面的信息。具体到我们的实验而言，棉花糖是圆的、白色的、厚的、松软的、可食用的。刺激物对我们的影响取决于我们在头脑中用哪种方式呈现它。诱惑性的呈现聚焦刺激物的吸引力：棉花糖有嚼劲、甜甜的，或者老烟枪吸满一口烟的感觉。这种诱惑聚焦会自动激发冲动反应：吃掉它或是吸进去。相比之下，冷静性的呈现则聚焦更加抽象的、与认知相关的信息特点（圆的、白色的、松软的、小的），这种呈现向你描述刺激物的样子，但不会增加它的诱惑力。它可以让你"冷静地思考"，而不是想要抓住它。

为了验证这一观点，我们设计了两种情况。[8] 一种情况下，研究人员在离开房间前，引导孩子们想一想奖品有诱惑力、吸引力、激发食欲的特点：棉花糖甜甜的、有弹性的口感。另外一种情况是"冷静思考"，研究人员引导孩子们把棉花糖当作圆圆的、松软的云朵想一想。

当引导孩子们聚焦到奖品的冷静特征时，他们能够等待的时长是聚焦到诱惑特征时等待时长的两倍。需要特别指出的是，儿童如果开始用诱惑聚焦去想他们正在等待的特定奖品，就立刻无法继续等待了；但如果用诱惑聚焦去想一个看似相同，但并不是他正在等待的奖品（比如，等待棉花糖时想椒盐卷饼），就是一个绝佳的分心方法，这可以使他们等待的时长平均达到 17 分钟。对于儿童想要立刻得到的东西，如果引导他们用诱惑聚焦去思考，他们根本无法等待；如果引导他们冷静思考，等待就会变得容易一些。

学龄前儿童的情感经历也会决定他们在多久之后按响铃铛。正在孩子们一心想吃棉花糖的时候，如果我们在走出房间之前提议，等待的时候可以想想使他们伤心的事情（比如哭的时候没有人来帮助他们），就会出现与诱惑聚焦一样的情况，他们会立刻停止等待。如果想想有趣的事情，他们可以等待几乎三倍的时长：平均接近 14 分钟。[9] 对于 9 岁的儿童来说，如果我们赞美他们（比如他们的画作），而不是对他们的作品进行负面评价，他们更有可能选择延迟奖励。[10] 对儿童起作用的因素也同样适用于成年人。[11] 简言之，当我们感到伤心或心情很糟时，我们很少会延迟满足。[12] 与快乐的人相比，那些经常陷入负面情绪和抑郁的人更倾向于选择当下的、较少的回报，而不是延迟的、更有价值的回报。

人们想要的奖品越有诱惑力、越是与众不同，引发的冲动反应就越难以平静。研究人员曾经在以色列公立学校开展实验，向大约 7000 名四年级和六年级的学生提供了各种不同组合的选项，包括奖励数量（一个或两个）、延迟时间（立刻或一周，一周或一个月）和吸引物（巧克力、钱、蜡笔）。结果在我们的意料之内：选择延迟得到蜡笔的学生最多，选择巧克力的人最少。[13] 正如所有减肥人士所熟知的，当打开冰箱门，或是听服务员介绍甜品时，吸引他们的诱惑力就会开足马力。

但是动力并不来自刺激物本身，而是在于刺激物在头脑中被评价的方式：如果人们对刺激物的看法发生了变化，它对人们的感受和行为的影响也会发生变化。在餐厅面对甜点盘里的巧克力慕斯时，如果你想象刚刚在厨房里有一只蟑螂咬过它，它的诱惑力就会荡然无存。莎士比亚笔下的哈姆雷特说"世上本无所谓好与坏，思想使然"[14]，他对经验的这种评价方式虽然是悲剧性的，也缺乏积极意义，但颇具智慧。哈姆雷特的这个观点也说明了一个问题，我们对刺激物和经验一旦形成根深蒂固的态度或"精神呈现"，想要做出改变就相当于自己给自己做脑外科手术，是毫无可能的。如何使用认知重新对事件进行较为轻松和有效的评价，是认知行为疗法的主要难点，对于所有计划改变自己根深蒂固的态度和习惯的人来说也是一个挑战。这是贯穿本书的一个基本问题。

棉花糖实验让我相信，人们如果可以改变对刺激物的心理呈现，就可以实现自控，并从已经控制他们行为的诱惑中解脱出来。他们可以对刺激物的诱惑力进行改造，通过认知层面的重新评价弱化刺激物对自己的影响，至少是某些时候，在某些条件下。其中的技巧就是创造恰当的条件。为了使自己强大起来并能承受痛苦，虽然不需要像斯巴达勇士一样咬紧牙关磨炼意志，但在强大的动机和良好的意愿之外，确实还需要其他条件。

力量就来自前额皮质，它在被激活的情况下，通过改变对刺激物的评估，可以产生无数种冷却冲动和诱惑的方式。学龄前儿童的前额叶虽然尚未发育成熟，但他们强大的想象力证明他们能够做到这一点。他们把面对的诱惑变为"一张图片"，并在脑海中给图片加上了相框；或者通过自创歌曲和玩脚趾制造自我分心，把注意力从诱惑物上转移到别处；抑或从认知层面上聚焦刺激物的冷静特征和信息特征，而非诱惑特征和冲动特征。我发现当孩子们将棉花糖转化为飘浮在天空中松软的云朵，而不把它当作美味、筋道的棉花糖时，他们可以面对奖品和按铃，一直坐在椅子上等待，以至于我和学生们甚至都无法忍受了。

儿童了解些什么

我们现在知道，可以根据儿童对外部奖励进行心理呈现的方式预测他们等待的时长。通过其他研究我们还发现，随着儿童年龄的增长，他们学会了更多策略，延迟满足的能力也随之提升。[15] 但是，为了赢得奖品必须等待足够的时间，儿童是否知道哪些策略有帮助呢？儿童是怎样认识这些策略的呢？儿童对于这些策略的认识是如何随着时间而发展的呢？更为重要的是，对于策略的认识可以提升他们延迟满足的能力吗？

对参加棉花糖实验的不同年龄段的儿童，我和同事们向他们询问了一个问题：什么情况、行为和想法会让他们在等待时感觉到更难或是更容易呢？[16] 这些儿童此前都没有参加过实验，当时参加实验的程序也是标准化的。他们坐在小桌旁，托盘上放着他们自己选择的奖品，我们介绍铃铛的使用方法，解释"现在的一个和延迟的两个"。此时，研究人员并不急于丢下孩子们离开房间，而是询问他们什么情况是有助于等待的。比如："把棉花糖放在托盘上，让你看到它；或者把棉花糖藏在托盘下面，让你看不到它。你觉得哪种情况下更容易等待呢？"

大多数 3 岁儿童都无法理解这个问题，也不知道怎样回答。4 岁儿童可以理解我们的问题，但都会不约而同地选择最差的策略：他们希望把奖品放在外面，在等待时看着它们，想着它们有多么好吃。我们问为什么希望把奖品露在外面，他们说"这样让我感觉好一点""我只是想看到它""太好吃了"。很显然，他们只关注自己想要什么（"我喜欢它们"），他们还不理解，也不关心的是：看到奖品会让等待变得异常艰难。他们希望自己正在等待的东西就在眼前，但是奖品暴露在外就会打败他们计划等待的初衷，还会让他们在按响铃铛、抓住奖品时感到惊喜。他们不仅没有正确地预测到自己的行为，还执意创造了无法得到延迟奖品的条件。这些发现也许可以帮助父母们理解为什么4岁的儿童还是很难控制自己。

但是在随后一年的时间内，孩子们就会发生惊人的变化。多数5—6岁的儿童希望遮盖住奖品，并会持续赶走想起奖品的念头，这便是一个自控力策略。[17] 他们还会尝试从诱惑中转移自己的注意力（"唱首歌"，或者"我想我要去外太空""我想我要去洗澡"）。随着他们再长大一些，他们会发现关注结果，并把结果反复告诉自己具有很大的作用（"如果等待，我就可以得到两块棉花糖；如果按铃，我就只能得到一块"）。并且他们还会使用指令给自己提出建议："我要说'不可以！不要按铃'。如果我按了铃铛，老师就会进来，那么我只能得到一块棉花糖。"

我问9岁的西蒙："你在等待棉花糖时怎么做才能让自己轻松一点呢？"他用一幅画给出了答案，画中一个人正坐着参加棉花糖实验，旁边有一个表示他想法的泡泡，显示他正在想"我需要一些分散自己注意力的方法"。西蒙还写下了自己的建议："不要去看你正在等待的东西；也不要什么都不想，因为如果你什么都不想就会马上想到它；使用你能找到的东西跟自己玩。"在进一步的了解中，西蒙解释了他的做法。他告诉我：“我会在脑子里想象出至少 1000 个人物，就像我房间里那些袖珍玩具小人，我想象带着他们一起出去玩耍。我还会编故事，冒险故事。”跟西蒙一样，其他同龄的儿童也具有神奇的创造力，当他们在类似棉花糖实验的情况下需要延迟满足时，他们会利用想象力跟自己玩，让时间很快过去。

大多数 12 岁以下的儿童意识不到冷静的思想比冲动的思想更有价值。一旦过了 12 岁，他们就可以理解对于奖品的冲动思考会击败延迟，而冷静思考（比如把棉花糖转化为松软的云朵）则可以减少他们的欲望，并使等待更轻松。正如一个男孩所说：“我没法吃掉松软的云朵呀。”

推动我们研究工作的核心问题是：了解有助于延迟的策略可以给予儿童及成人更多的自由吗？可以帮助他们拒绝诱惑和压力，不再被其控制、驱使吗？多年后，在一次治疗冲动问题的暑期露营中，我们对里面的男孩开展研究时发现了问题的答案（详见第 15 章）。[18] 在参加棉花糖实验时，**能够理解延迟满足策略的儿童，相比不理解的儿童而言，可以等待更长时间，即使在对年龄和语言表达能力这两个变量进行控制或排除后，结果也是相同的。**显然，增强孩子们对延迟策略的理解可以成为父母和教师的一个目标，并且这个目标是相当容易实现的。

大众对于棉花糖实验的误解

20 世纪 80 年代，我把在斯坦福开展的跟踪研究的初步结论向欧洲一所领先的行为科学研究机构进行了汇报。我谈到了棉花糖实验中的等待时长与青少年成绩（包括 SAT 分数）的相关性。我的朋友麦拉是该研究机构的高级研究员，讲座过去几个月后，她联系到我，用凝重的语气告诉我，有个情况让她很担忧：无论她使用什么方法，4 岁的儿子都一直拒绝延迟满足他最喜欢的饼干。这位顶级科学家也误解了我所说的相关性的含义。麦拉认为，具有统计显著性的、对于众多儿童都一致的研究结论至少应该对她的儿子也是成立的。在她使用了我们介绍的所有方式后，她儿子都无法延迟满足，这就说明他前途黯淡。

当然，平静下来后，麦拉意识到她对于结果的解读是错误的：**有意义的、一致的、具有统计显著性的相关性对于大众来说具有普适性，但并不能确切预测某一个体。**以吸烟举例，很多人年纪不大就死于吸烟引发的疾病，但也有人（其实是很多人）不会如此。如果约翰尼在学龄前为了得到棉花糖而等待，我们可以预测他有能力延迟满足，至少在当时的情况下是可以预测的。但如果他不能等待，我们就无法确定其中的原因。可能他希望等待但是没做到，或者只是因为测试开始前他没去卫生间。如果儿童渴望延迟，但最后却按了铃铛，了解其中的原因是非常有价值的。

后面的章节会讨论，有些儿童早期的延迟能力较差，但是过几年会增强；有些儿童早期非常渴望延迟，并且也有能力延迟，但后来自控力水平会下降。宾幼儿园的实验显示：对于诱惑物的心理呈现可以改变甚至扭转其对行为产生的影响。有些儿童原来等不到 1 分钟的时间，如果他们改变对于诱惑物的想法，就可以等待长达 20 分钟的时间。对我来说，这个发现要比远期的相关性更为重要，因为它指出了可以强化自控力的策略，并可以减少压力。随后几十年，认知神经科学和脑成像的技术进步为研究产生延迟能力的大脑机制打开了一扇窗。我们现在就可以来了解一下，当我们极为迫切地想要控制冲动时，我们的想法是如何冷却大脑的。

第 二 部 分

延迟满足
——自控力的根基

第 3 章

大脑的冲动系统与冷静系统

很久以前，科学家估计是 180 万年前，雨林环境中树上的大型猿类进化成为早期人类。他们正在演变成直立人，依靠双脚奔走在草原地区，艰难地生存繁衍。史前冒险时期，人类这一物种很有可能是依靠大脑中的冲动情绪系统[1]，即边缘系统，才得以生存下来的。

冲动情绪系统

大脑的边缘系统包括原始的大脑结构，位于脑干顶端皮质层的下面。这些结构调节生存所需的基本动机与情绪，包括恐惧、愤怒、饥饿和性行为。这一系统帮助我们的祖先应对那些既是食物也是致命威胁的鬣狗、狮子等野兽。在边缘系统中，杏仁体具有重要的作用，这是一个小小的杏仁形状的结构，它对于产生恐惧、进行性行为具有重要作用。杏仁体会快速调动身体的行动，但它不会为了思考或是思虑结果而暂停。

我们的边缘系统至今仍然在使用与人类祖先相同的方式运转，它保持我们的"激动-行动"机制，专门对强烈的、引起情绪波动的刺激做出快速反应，自动引发愉悦、疼痛和恐惧。边缘系统在人类出生时就具有完全的功能性，可以让婴儿在饥饿或疼痛时大哭。今天的我们虽然不必使用边缘系统对付愤怒的狮子，但它会帮助我们在黑暗的小巷里躲开可怕的人，避免在冰面上开车时急转弯。在这些情况下，边缘系统仍然是十分宝贵的。冲动系统给生命带来了热情，它激励学龄前儿童想要得到两块棉花糖，但也让他们难以忍受等待的煎熬。[2]

冲动系统的启动会触发瞬时行动：饥饿和对其他诱惑物的需求会引发迅速的"激动-行动"表现，威胁和危险信号会引发恐惧和自动防御攻击反应。冲动系统类似于弗洛伊德所说的"本我"[3]，他把这一机制看作心理的无意识结构，包括性冲动和攻击性生物冲动，都是为了寻求即刻满足，缓解压力，并且丝毫不计后果。冲动系统正如弗洛伊德所说的本我，它的运转是自动的，并且经常是无意识的，但它的功能要比弗洛伊德所说的性冲动和攻击性生物冲动强大很多。冲动系统是反射性的、简单的、情绪化的，它可以自动、快速地引发消耗性行为、挑逗性行为和冲动性行为。它可以使学龄前儿童按响铃铛，吃掉棉花糖，让正在节食的人吃比萨，让老烟枪吞云吐雾，驱使性欲失控的男人强暴女性保洁员。

聚焦诱惑物的冲动特征很容易激发我们的"激动-行动"机制中的"行动"反应。棉花糖实验中曾经有一个 4 岁的男孩，他突然伸出手重重地打在了铃铛上，他自己对此也感到非常意外，难过地低下头看着自己的手。驱动他行为的是对棉花糖的嚼劲和甜味的期待。对节食者、酗酒者和烟民来说，相应诱惑物的冲动特征都会用独特的驱动力让受害者陷入无助。巧克力棒、威士忌、香烟，他们只要看一眼或想一下，就会立刻自动引发行动。这种情况发生的次数越多，就越难改变心理呈现的方式，想要转移自发的"行动"反应也就越困难。在幼年时期学习并练习一些培养自控力的策略，相比于改变那些长期形成的、根深蒂固的、有害自身的成瘾行为，前者要容易得多。

高压会触发冲动系统。这是进化史中的一种适应性反射，用来应对正在靠近的狮子，因为它可以产生神奇的速度（毫秒之间）和自动的自我保护反应。如果现在出现了需要做出迅速反应才能保住生命的紧急情况，这一系统仍然是有用的。但是在某些情况下，成功要依靠保持冷静、提前计划和理性解决问题，冲动反应就会失效。冲动系统在人类幼年时起主导作用，因此让学龄前儿童开展自我控制是非常困难的。

冷静的认知系统

冷静系统与大脑的冲动系统紧密相关，它是认知性的、复杂的、反思性的，启动较慢，位于前额皮质的核心。**在类似棉花糖实验的情况下，这一冷静的受控系统对于面向未来开展决策和自控非常关键。**但我们必须了解的是，高压会削弱冷静系统，并增强冲动系统。冲动系统与冷静系统在一种互惠的关系中保持着持续的无缝干预[4]：当一个较为活跃时，另一个就会减少活跃度。虽然我们不太可能遇到狮子，但我们在日常生活会面对无数现代社会的压力，因此冲动系统经常会高于冷静系统，只有当我们非常需要时，冷静系统才会活跃起来。

前额皮质是大脑中进化程度最高的区域[5]，可以产生并支持人类独有的"高秩序"的认知能力。它调节我们的思想、行动和情绪，是创造力和想象力的源泉，对干扰我们追求目标的不当行为发挥着重要的抑制作用。当我们所处的情况发生变化时，它有助于我们重新调整注意力，并灵活地改变策略。自控力就根植于前额皮质区。

冷静系统发展得非常缓慢，在学龄前阶段和小学前几年逐步变得活跃，直到 20 岁后才能发育成熟。因此，儿童和青少年特别容易受到冲动系统的控制。与冲动系统不同的是，冷静系统可以根据刺激物的信息特征进行调节，产生理性的、反思性的、策略性的行为。

正如前文所说，棉花糖实验里成功的延迟者可以非常有策略地将自己的注意力从诱人的奖品和铃铛上转移开，他们在发挥想象力时可以关注奖品的冷静的、抽象的信息特征（棉花糖像松软的云朵或棉花团），并会绕开或转化奖品的诱惑特征（让自己相信那只是一幅画，给它加一个相框，图片是不能吃的），从而让自己冷静下来。他们此时所使用的多种认知技能就是未来人生所需技能的原型。这些技能会让他们在高中时认真备考，而不是与朋友出去看电影，也可以帮助他们抵制人生中遇到的无数种当下的诱惑。

年龄是一个重要因素。[6] 很多 4 岁以下的儿童无法在棉花糖实验中推迟满足。当面对诱惑时，他们会在 30 秒内按铃或者开始吃奖品，因为他们的冷静系统尚未得到完全开发。但到了 12 岁时[7]，实验中 60% 的儿童可以面对饼干和铃铛等待长达 25 分钟的时间。

性别也是一个重要因素。男孩和女孩在成长的不同阶段会有不同的喜好，他们等待的意愿会受到不同奖品的影响：对男孩来说是奖励的东西，女孩可能并不想要，反之亦然（灭火器与洋娃娃，刀剑与化妆盒）。即使奖品的价值一样、动机也一样，女孩通常也可以比男孩等待更长的时间，她们的冷静策略也跟男孩不同。虽然我没有计算过，但学龄前男孩似乎更多地使用身体动作策略，比如在椅子上摇晃或是把诱惑物推开，而女孩似乎更喜欢自己唱歌，或是简单地不去理会诱惑物。但这些只是我的印象，还谈不上研究发现。

女孩意志力更强[8]，也有能力等待较长时间，这一点在学校开展的研究中也得到了印证，至少在美国是这样的。老师、家长和女孩们自己都会认为她们比男孩更加自律。在 4 岁之前，女孩一般要比男孩听话[9]；在后面几年内，女孩在完成功课方面更加自律，成绩比男孩更好。然而，评价者对于性别差异是持有文化刻板印象的，人们认为"好女孩"就应该谨慎、认真，"小伙子"应该更冲动、更难被驾驭，甚至可以粗暴，应该把更多的时间用在球场上而不是书桌上。当设想延迟奖品时，比如"你想今天拿到 55 元，还是 61 天后拿到 75 美元呢"，多数女孩都会选择延迟的奖品[10]。但是当选项从设想的变成真实的之后（用一个信封装一张 1 美元纸币，当天拿走，如果一周后原样返回就可以得到 2 美元），性别差异就消失了。

简而言之，我们一直试图在棉花糖实验和其他自控力测试中寻找性别差异，但收获甚微。实现延迟满足需要具备一定的动机和自控力技能，一般来说女孩在这方面更有优势，至少在至今所研究的人群和年龄组中是这样的。[11]

在面对诱惑时，可以短暂避开冲动系统的一个方法就是想象他人会怎么做。当为他人而不是自己做出选择时，就更容易使用冷静系统。有一位研究者，虽然我现在记不起他的名字了，但永远忘不了他的故事。他让学龄前儿童思考一个选择，立刻得到一小块巧克力，或者是 10 分钟之后得到一块很大的巧克力（他把两块巧克力都展示给孩子们）。当他问一个小男孩："聪明的小孩会怎么选呢？"孩子回答说聪明的小孩会等待；当他问："你会怎么做呢？"男孩说："我现在就要！"对 3 岁的儿童开展实验时结果也是一样的。给他们两个选项，一个是立刻得到的小奖品，另一个是需要等待才能得到的大奖品。如果问他们实验人员会选择哪个时，他们就会用冷静系统，一般都选择延迟的奖品；但当他们为自己选择时，选项就变得有诱惑力了[12]，多数人会选择立刻得到小奖品。

冷静系统会在你最需要它的时候缺失

短期的压力体验可以带来适应性，使人行动起来。压力可以是无害的，但是如果压力太大或是持续太久就会有害。[13] 举例来说，如果一个人长期处于压力之下，遇到一点挫折就会暴怒，比如堵车和结账排队的情况；如果长期处于极端危险、动荡或贫穷的情况下，人就会崩溃。延长的压力会削弱前额皮质，这一区域不仅对于等待棉花糖至关重要，而且有助于高中毕业，保住工作，追求高学历，应对办公室政治，避免抑郁，维持关系，避免做出一些直觉上正确，但仔细想来非常愚蠢的决定。

耶鲁大学神经科学家艾米·安斯顿对压力的影响研究进行了回顾，她指出"即使是稍微过度的不可控压力，也可以导致前额认知能力迅速和夸张的损失"。[14] **压力持续的时间越长，认知能力受到的损伤越大，危害就越持久，最终会导致精神疾病和身体疾病**。[15] 因此，当面对压力时，我们更需要创造性地解决问题，而相应的大脑区域在这种情况下往往无法运转。正如哈姆雷特[16]，当压力飙升时，他深受其害而无法自拔，愤怒的反思和被撕裂的感受让他麻木，导致他无法思考，无法有效行动，只能摧残自己周遭的一切，最终加速了自己的毁灭。

莎士比亚用戏剧生动地表现了哈姆雷特的精神剧痛，400 年后，我们可以将他头脑中经历的一切进行重构，不是用神奇的诗歌语言，而是使用一个持续遭受压力的大脑模型。在持续的压力之下，大脑的构造会被完全重造。哈姆雷特没有任何希望，因为压力挥之不去，他的冷静系统，特别是对于解决问题至关重要的前额皮质和对于记忆至关重要的海马体开始萎缩，最终阻止了正常的情绪反应。《哈姆雷特》毫无疑问是一部悲剧。

第 4 章

延迟满足能力的形成

我们在孩子出生后多久才能发现他们是否具备延迟满足的能力呢？我经常与那些正在养育幼儿的朋友讨论这个问题，他们一致认为在孩子出生后就可以发现这方面的个体差异。他们在谈论这个问题时非常确信，瓦莱丽有，但是吉米没有，山姆绝对有，西莉亚一点都没有，同时还会附上生动的趣事和对话。他们的故事说明这是一个值得思考的问题，促使我们开展进一步研究。

1983 年，在斯坦福大学开展棉花糖实验 15 年之后，我接受了哥伦比亚大学的教授职位，搬回了纽约市，其中最大的吸引力之一就是年轻的同事们。劳伦斯·艾伯是哥伦比亚大学对面的巴纳德学院的教师，拉里是巴纳德幼儿研究中心研究主任，我们很快就展开了长达 20 年的合作，进一步研究那个悬而未决的问题：延迟的能力是什么时候形成的，是怎样形成的。

幼年时期的自控力

对于宾幼儿园里四五岁的儿童来说，等待棉花糖也许算是一种折磨，但对于 18 个月的婴儿来说，等待妈妈是一种更残酷的折磨，比如巴纳德幼儿研究中心的婴儿们，妈妈离开后，他们的身边只有"陌生人"（巴纳德学院的志愿者）和地板上的玩具。婴幼儿时期，主要养育人（通常是妈妈）都会逐步尝试短暂离开孩子，这种短暂的分离压力是每个幼儿都必须承受的痛苦。大约两岁半时，幼儿与主要养育人的情感关系就可以显示出个体差异，有些是焦虑的，有些是安全的，还有些是复杂矛盾的。在与主要养育人短暂分离和重聚的过程中，幼儿的行为可以预测未来几年内他与家人关系的质量以及他的应对技巧。

约翰·鲍尔比的学生玛丽·爱因斯沃斯设计了一种"陌生环境"[1]来观察这种关系。约翰·鲍尔比是英国极具影响力的心理学家，他从 20 世纪 30 年代起开始研究儿童依恋关系，特别是与主要养育人分离的影响（战争时期普遍存在的压力体验）。爱因斯沃斯设计的"陌生环境"模拟了一个简单的受控的"母亲分离再重聚"的情境，这种分离情境比较温和，一旦孩子开始伤心大哭或绝望地敲门，就说明孩子的压力已经过大，妈妈可以立刻回来。这一实验分三个阶段开展。

第一阶段，"自由玩耍"。妈妈和孩子（以本杰明为例）两人一起在房间中度过 5 分钟的时间，"就像你们平时在家里一样玩耍"。

第二阶段，"分离"。学校领导把妈妈叫出房间，让一个研究生志愿者和本杰明两人在房间待 2 分钟。此前，在妈妈在场的情况下，本杰明与该志愿者见过面并有互动，这个时间大约是 17 分钟。在分离阶段，志愿者保持沉默。如果本杰明表现出了压力，志愿者会简单地安慰他，对他说"妈妈很快就回来了"。

第三阶段，"重聚"。在 2 分钟的分离后，妈妈回到房间抱起本杰明，志愿者悄悄离开房间，妈妈和孩子再一起玩耍 3 分钟。

1998 年，我的学生安妮塔·塞西想知道根据 18 个月的幼儿在分离期间的行为能否预测三年后其在棉花糖实验中的表现。为了验证这一想法，我们在巴纳德幼儿研究中心搭建了"陌生环境"，用摄像机记录每一个阶段发生的所有情况。我们以每 10 秒钟为单位来观察幼儿的行为：他是否在玩耍，是否在距离妈妈较远的地方自由探索，妈妈不在的时候是否通过观察玩具或玩玩具来转移自己的注意力，是否与陌生人玩耍。我们同时记录了幼儿的情感表达和负面情绪（大哭、表情悲伤）。妈妈的自发行为也被以同样详细的方式记录下来，包括她试图主导与幼儿的互动，对幼儿的玩耍进行干预或是引导，抑或忽略幼儿的需要。我们根据妈妈的面部表情、声音表达、与幼儿的位置关系、身体接触的频率、情感表达、是否与幼儿轮流分享等情况，确定妈妈是否属于"母体控制"[2]（maternal control）——过度控制，对幼儿的需要不够敏感。

当妈妈不在时，有些幼儿通过玩玩具、探索房间、与陌生人互动来转移注意力，避免了紧张的压力体验，但是有些幼儿会一直站在门口，然后开始哭泣。妈妈不在的 2 分钟内，幼儿所承受的压力每秒都在升级，最后 30 秒的感受一定是无穷无尽的绝望，幼儿在这最艰难的 30 秒内表现出的行为是最具典型性的，可以预测他们在棉花糖实验中的表现。预测虽不完全准确，但具有一定的可信度。具体而言，在"陌生环境"中分离阶段的最后 30 秒内，那些把自己的注意力从"妈妈不在"转移到别处的幼儿，到了 5 岁参加棉花糖实验时，也可以长时间等待，并有效地转移自己的注意力。相比之下，此时不能采取必要分心策略的幼儿在几年后的棉花糖实验中也无法等到最后，他们会很快按响铃铛。这些研究结果说明，**在幼年时期通过调节注意力的方法练习自我控制和减缓压力具有重要的作用**。[3]

脆弱的根源

婴儿出生后几乎完全受控于他们每一刻的心理状态和主要养育人的照顾。在婴儿离开子宫后的最初几个月，不分昼夜地安抚、轻摇、喂食和怀抱是养育人的主要工作。[4] 婴儿在被养育的过程中得到的无论是关爱和关心，还是忽视和辱骂，都刻画在他们的大脑中，决定他们未来成为什么样的人。[5] 要使婴儿感到安全和安心，关键在于避免使他们的压力指数持续活跃，并促进亲密、温暖的依恋关系。[6]

婴儿的大脑具有可塑性，如果婴儿经历了极端负面的情况，比如粗暴的打骂、冷漠的环境，他们的主要神经系统就非常容易遭到破坏。让人感到意外的是，即使是较弱的环境压力，比如父母之间长期发生的非肢体冲突，也是造成神经系统破坏的重要原因。有一项研究曾经使用功能性磁共振成像对睡眠中的 6~12 个月的婴儿脑部进行扫描。在婴儿睡觉时播放愤怒的谈话[7]，以及与长期发生冲突的父母一起生活的婴儿，相比来自冲突较少的家庭的婴儿，大脑负责调节情绪和压力的区域会具有较高的活跃度。类似的研究结论也表明，即使成长关键期遭遇的社会环境压力是相对温和的，也会被写入冲动系统。

很显然，随着婴儿的成长，他们的早期经历会植入大脑构造，这对他们未来的人生发展具有决定作用。[8]幸运的是，适当的干预措施可以提升婴儿的情绪调节能力，发展他们的认知、社交和情感技能，从而在脆弱的幼儿时期发挥必要的作用。在出生后的几个月中，养育人可以尝试把婴儿的注意力从压力感中转移至他们感兴趣的活动中，这种方式可以逐渐帮助婴儿学会通过自我分心使自己平静下来。在神经层面上[9]，婴儿也开始发展大脑额中（midfrontal）区域，这一区域是注意力控制系统，负责平复和调节负面情绪。如果一切发育正常，他们的本能反射会减少，反思会增加，不再冲动，更加冷静，并且能够恰当地表达自己的目标、感受和意图。

迈克尔·波斯纳和玛丽·罗斯巴特是自我调节开发领域的两位先驱，他们是这样描述这一过程的：4月龄的婴儿会关注我们呈现的所有刺激物，一年半后再返回实验室时，他们已经形成自己的想法，此时很难再让他们关注我们所展示的内容，因为他们自己的计划更重要了；竭尽全力之后，我们只能摇摇头嘟囔一句"他们有自己的想法了[10]，他们更强调'我的'了"。

父母们都清楚一点，两岁生日基本就是孩子们无言地宣告独立的时刻。在婴儿们争取独立的早期革命阶段，斗争对于养育人来说是极具挑战性的。在 2~3 岁的时候，孩子们开始对自己的想法、感受和行动实施控制，这一技能到了 4~5 岁时会日益明显。这种自控力对于赢得棉花糖实验的成功和适应学校及更远的未来至关重要。

儿童一般在 3 岁时就会开始有目的地做出选择，更加灵活地调整自己的注意力，并抑制那些使他们偏离目标的冲动。比如，斯蒂芬妮·卡尔森和同事们在明尼苏达大学开展的一项研究显示，3 岁儿童可以为了实现目标而在较长的时间内遵守两条简单的规则[11]，比如"如果是蓝色就放在这里，如果是红色就放在那里"，他们一般是通过自己的语言指令来帮助自己明确需要做什么。虽然已经非常令人吃惊了，但这些技能在 3 岁时还比较有限，在随后的两年内会有长足的发展。到了 5 岁，他们的头脑已经神奇地复杂起来。大多数 5 岁的儿童都可以理解并遵守复杂的规则，比如"如果是颜色游戏，就把红色方块放在这里；如果是形状游戏，就把红色方块放在那里"，当然也会有较大的个体差异。虽然这些技能在学龄前阶段刚刚开始形成，但到了 7 岁时，儿童的自控力技能和对其起决定作用的神经回路已经惊人地发育到了与成年人相似的水平。[12] **儿童在成长过程中需要学会调节冲动，实施自控，控制情绪，形成同理心、专注力和良知，6 岁以前的经历会为这些能力的形成奠定基础。**[13]

如果你的妈妈像波特诺的妈妈

母亲的养育方式如何影响孩子的自控力策略和依恋关系的发展

呢？在我们前面介绍的安妮塔·塞西开展的幼儿研究中，我们详细研究了妈妈的行为，来评估她们是否属于"母体控制"，以及她们对孩子需求的敏感度。例如，可以考虑这样两种情况：一类妈妈过度控制、事无巨细；另一类妈妈只关注自己的需要而不关注孩子的需要。这就是菲利普·罗斯的名著《波特诺的怨诉》中的人物形象。当主人公回忆自己在新泽西度过的童年时，他生动地刻画了自己的妈妈：她用意很好，但是她的过度控制令人窒息，她会烦人地监视、评判、纠正他所有的行为，从数学运算到袜子、指甲、脖子，甚至皮肤的每一个裂口。[14]幼小的波特诺被她妈妈的爱心美食塞满了肚子，当他拒绝吃炖肉时，妈妈就拿着一把长长的面包刀逼迫他，还煽情地质问他："想变得骨瘦如柴、弱不禁风吗？想要受人尊敬还是受人嘲讽？想做男人还是老鼠？"[15]

波特诺的妈妈是一个虚构人物，但我的朋友中也有人说他们的妈妈就是这样的。如果幼儿的母亲像波特诺的妈妈那样，相比妈妈控制较少的情况，他们获取自控力技能的途径就截然不同。这正是安妮塔在观察幼儿与母亲在小房间内互动时发现的情况。

对于在学龄前已经形成有效的自控力技能的儿童，如果妈妈发出了吸引他们注意力的高控制命令，他们一般都会做出抵制性的反应：不再紧挨着妈妈，而是使自己远离妈妈一段距离（3英尺①以上），在房间里到处看看或者玩玩具。有些儿童会让自己离开正在实施控制的

_____

① 1英尺 ≈30厘米。

妈妈，只要妈妈一接近，他们就走开，这样的儿童在 5 岁参加棉花糖实验时可以等待较长的时间。他们可以成功地使用注意力控制策略来平复挫败感，把注意力从奖品和铃铛上转移开，方法与他们在幼儿时期摆脱妈妈控制时使用的方法相同。另外一些儿童，他们的妈妈控制力也很强，妈妈要求他们注意时，他们会紧贴在妈妈身边，这样的儿童在参加棉花糖实验时会一直关注诱惑物并很快按响铃铛。

对于妈妈较少实施控制的儿童，情况就完全不同了。当妈妈尝试吸引他们注意时，停留在妈妈身边的儿童在 5 岁参加棉花糖实验时，具备有效的自控力和冷静策略。他们会有策略地转移自己的注意力[16]，较少关注诱惑物，为了得到较多的奖品可以等待很长时间。

相比之下，在相同情况下会远离妈妈的儿童等待的时间较短。这说明了什么呢？如果妈妈不过度控制，并且对孩子的需求敏感，孩子并没有理由和妈妈保持距离，在"陌生环境"实验中，当妈妈为了缓解其压力而试图靠近时，他当然会紧贴着妈妈。如果妈妈对自己的需求高度敏感，但看不到孩子的需求，每次试图控制孩子的一举一动都让孩子感到压抑，情况会怎样呢？安妮塔在结论部分提出了这一问题。在这种情况下，从妈妈身边走开几步，去玩玩具或是在房间里到处看看，似乎都是不错的办法。这些办法可能有助于孩子发展自控力和冷静技能，帮助孩子在 5 岁参加棉花糖实验时得到两块棉花糖。

为了验证这种可能，蒙特利尔大学的安妮·伯尼尔在 2010 年组建了一个研究团队，研究 12~15 月龄幼儿的妈妈与孩子如何互动，以及这些互动如何影响自控力的发展。[17] 研究人员认真观察了妈妈与幼儿一起完成拼图或其他认知任务时的互动情况，并且在这些幼儿到了16~26月龄时进行了同样的测试。伯尼尔发现，在首次研究中，有些妈妈会通过支持孩子的选择和意愿来鼓励孩子的自主性，这些儿童在棉花糖实验中具有最强的认知技能和注意力控制技能。研究人员对母亲的认知技能差异和教育水平差异进行控制后，结论保持不变。因此我们认为：**如果父母过度管控婴儿，有可能损害他们自我控制技能的发展**；[18] 如果在孩子努力解决问题时，父母提供了支持和鼓励，他们的孩子很有希望在幼儿园参加棉花糖实验时得到两块棉花糖，并且放学回家后还会迫不及待地与父母分享他们的做法。

第 5 章

抵制诱惑的 "如果-就"

荷马史诗之一《奥德赛》讲述了希腊西海岸荒蛮小岛伊萨卡的国王奥德修斯的历险故事（罗马版本的《尤利西斯》）。奥德修斯离开自己的新婚妻子佩涅洛佩和襁褓中的儿子，扬帆起航奔赴特洛伊战争。但奥德修斯未曾想到战争持续了多年，他的归家之路也走了多年，途中充满了神奇的冒险、疯狂的爱情、可怕的战役和恐怖的巨人。当他最终带着仅剩的水手们马上就要返乡时，他们来到了女妖塞壬的地盘，她们的声音具有无法抗拒的魔力，歌声让过往船只的水手们沉醉，最终船只都会触礁沉海。

奥德修斯极度渴望听到女妖的歌唱，但他同样也意识到了其中的危险。为了抵制诱惑，他让水手把自己牢牢绑在主桅杆上，命令他们："如果我祈求、命令你们放开我，那么你们就用更多的绳子绑紧我。"[1] 为了保护水手们，并确保自己一直被捆住，他命令水手用蜂蜡堵住耳朵。

小丑先生箱

　　20 世纪 70 年代，在棉花糖实验顺利开展的过程中，我模糊地记起了荷马史诗的这个寓言故事。同时我想到，如果亚当和夏娃也制订了计划，以抵制蛇和苹果的诱惑，他们是否能在天堂度过更长的时间呢？我开始思考宾幼儿园的孩子们：如果有一个强大的诱惑物骗取了孩子们的注意力，他们屈从于诱惑就会付出巨大的代价，他们会怎么办呢？预案能帮助他们抵制诱惑吗？那时我和斯坦福大学的研究生夏洛特·帕特森（现任弗吉尼亚大学教授）共同提出了这一问题。首先，我们需要在惊喜屋中设立一个适合研究学龄前儿童的类似塞壬的诱惑物，这一事物必须满足两个标准：要有诱惑力，同时必须考虑是否能被父母们接受。幼儿园园长、所有研究人员、我的三个女儿，都是我的顾问委员，讨论的结果就是"小丑先生箱"（如下图所示）。[2]

小丑先生箱是一个大大的木头盒子，用鲜艳的颜色画着小丑的脸部。小丑的笑脸周围是闪烁的光线，双手伸展，各举着一扇玻璃小窗。当玻璃窗被点亮时，里面一个小鼓就会慢慢旋转，小鼓上放着小玩具和小食品。小丑先生箱是个吹牛大王，也是一个强大的诱惑物。小丑的脑袋后面有一个隐藏的扬声器，与录音机和观察间里的话筒相连接。

我们想模拟一个大家在生活中都会无数次面对的情境：为了在未来收获重要的结果，你必须抵制当下强大的吸引和诱惑。比如，一个中学生正在赶作业，这时他的朋友邀请他去看电影；一个婚姻幸福的男经理和颇具魅力的年轻女助理一起参加年度销售大会，会议地点离家很远，共同工作了一整天后，助理邀请这个经理去喝一杯。小丑先生箱的作用就是扮演那些吸引年轻人的诱惑者。

在这项研究中，我的研究生夏洛特主要负责与孩子们一起玩耍。这里要介绍的是一个 4 岁的小男孩索尔的例子。惊喜屋的一角摆放着好玩的玩具和损坏的玩具，首先夏洛特与索尔玩耍一会儿；然后夏洛特把索尔安排在一张小桌子前，面对着小丑先生箱；夏洛特说要离开房间一小会儿，并给索尔布置了"工作"，这段时间内索尔必须持续执行一项无聊的任务，比如，把一张学习单方格里的 X 和 O 原样抄写到另外一张学习单的空格中，或者把一堆小木钉插进钉板。如果夏洛特返回时他没有中断，就可以玩有趣的玩具和小丑先生箱；如果中间他停下了，就只能玩损坏的玩具。夏洛特强调，她不在房间的整个时间段内索尔必须一直"干活"才能完成工作，索尔郑重地答应了。夏洛特还事先认真地提醒索尔，小丑先生箱可能会使劲地想要跟索尔玩，但是如果索尔看它、跟它说话、跟它玩都会使自己无法完成工作。

然后夏洛特为索尔介绍了小丑先生箱，小丑先生箱点亮了自己的灯光，闪烁的光线照亮了两扇堆满玩具的玻璃窗，它愉快地大声介绍自己："嗨！我是小丑先生箱。我的耳朵可大了，如果小孩子们把他们想的事情全部放进去，我会很开心的，什么都可以放进去。"（很显然，小丑先生箱接受过心理疗法的培训）。无论索尔说什么，小丑先生箱都会"嗯""啊"地附和，一边与索尔简单地聊天，一边请索尔跟它一起玩。它告诉索尔，当它发出一个扑哧的声音时，就表示它要做一些索尔肯定想看的事情。它还把玻璃窗点亮了一下，让索尔看了一眼里面旋转的玩具和零食。

夏洛特走出房间 1 分钟后，小丑先生箱亮了，闪着光、笑着说："吼吼！我喜欢和小孩子玩。你跟我一起玩好吗？过来按一下我的鼻子，看看会怎样！噢，求你了！不想按一下我的鼻子吗？"

接下来的 10 分钟，小丑先生箱都在继续它的"摧残"，毫不留情地诱惑索尔。它不停地开关自己头上和玻璃窗里的灯光，脖子上的领结也在闪光。这种哄骗每 1 分半就重复一次。

"噢！我玩得真开心！如果你放下铅笔，我可以为你制造更多的欢乐。放下笔吧，跟我一起玩……过来嘛，按一下我的鼻子，我给你变戏法儿。难道不想看看我的惊喜吗？你现在看一下我的窗户。"

夏洛特走出房间 11 分钟过后，小丑先生箱被关了，她返回惊喜屋。

可以抵制诱惑的"如果-就"计划

对于学龄前儿童来说，要抵制小丑先生箱可能就像奥德修斯抵制塞壬一样艰难。但是与绑在桅杆上的希腊英雄不同的是，孩子们没有被绑在椅子上，也不像他的水手一样用蜂蜡堵住了耳朵。我们的问题是：索尔这样的学龄前儿童可以用什么方法来抵制小丑先生箱发出的诱惑呢？

在棉花糖实验的结论的指引下，我们发现，如果想有效抵制强大的诱惑（立刻吃掉棉花糖，或者屈从于其他诱惑），就要用禁止性的"不要！"反应替换诱惑性的"行动！"反应，并且要像反射一样迅速、自动地替换。用好莱坞电影业的语言来说，你需要的是一个好的"切换"，可以将诱惑刺激（通常会引发"行动！"）自动链接到"不要！"反应。比如我们可以在小丑先生箱实验中使用这种"诱惑-禁止"方法来指导学龄前儿童，步骤如下。

"让我们试着想一些可以让你坚持工作，而不被小丑先生箱打扰的事情，让我们想一想……你可以这样：如果小丑先生箱发出扑哧的声音让你看它，跟它玩，你就看自己的工作，不要看它，并且说'不，我不能，我在工作'。你这样说了，就要这样做。他会说'看我吧'，然后你再说，'不，我不能，我在工作'。"

这种"如果-就"计划指出了诱惑点（"如果小丑先生箱发出扑哧的声音让你看它，跟它玩"）并且将它链接到我们希望出现的"诱惑-禁止"反应（"你就看自己的工作，不要看它，并且说'不，我不能，我在工作'"）。学龄前儿童掌握这个方法后，减少了分心的时间，并尽自己所能完成了工作。即使小丑先生箱成功地把孩子的注意力从工作上转移开，间断的时间也不会超过平均 5 秒钟，最终孩子们平均可以将 138 个木钉插进钉板。相反，没有学习这一方案的儿童，每次分心都会停止工作平均 24 秒，最终只能插 97 个木钉。[3] 对于让学龄前儿童插木钉的任务来说，这样的差异水平算是非常显著了。我们还发现很多儿童接受了这个指令后会发明自己的花样（"放弃那样！""停止那样！""骗子！"），这些办法可以让他们更快地插木钉，结束后他们就能开心地玩小丑先生箱和完好无损的玩具了。

小丑先生箱的研究后来发展成了一项重要的独立研究的初始阶段，这项研究由纽约大学的彼得·戈尔维策、加布里埃尔·厄廷根和其他同事合作开展，并持续了多年。20 世纪 90 年代，**他们找到了简单易行但具有神奇力量的"如果–就"方法[4]，帮助人们更加有效地应对各种可能会摧毁自控力的麻烦**。比如，当人们正在追求重要，且难以实现的目标时遇到了极大困难和情感诱惑，即使在这样的情况下，"如果–就"方案也是有效的。现在被称为"如果–就"的实施方案已经帮助学生们在遇到诱惑和分心时坚持学习，帮助节食者忘记他们最爱的零食，帮助患有注意障碍的儿童抑制不当的冲动反应。

从努力控制中去除努力

只要经过练习，我们就可以在特定的情况出现时自动引发"如果-就"行动：时钟指向下午 5 点，我就读教科书[5]；圣诞节后的第二天，我就开始写论文；看到甜品单时，我不点巧克力蛋糕；只要出现干扰，我就忽略它。无论这个"如果"是外部环境（闹钟响时、走进酒吧时），还是你的内部状态（当我渴望什么时、当我无聊时、当我焦虑时、当我饥饿时），我都可以采取这一方案。它听起来很简单，也确实很简单。通过制订和练习该方案，在特定情况出现时，你可以让自己的冲动系统下意识地引发正确反应，一段时间后就会建立新的链接或是养成新的习惯，就像上床之前要刷牙一样。

只要"如果-就"计划变成自动的，它就会从费力的自我控制中去除努力，相当于你骗取了冲动系统为你服务，而且冲动系统的服务是反射性和无意识的，在你需要时自动执行指令，并不需要动用冷静系统。[6]但是你必须将"诱惑-禁止"计划嵌入冲动系统，否则它无法在你需要时奏效。这就是为什么当你面对强大诱惑时，情感波动和压力水平的增加会加速冲动系统，引发快速、自动的"行动！"反应，并同时削弱冷静系统。无论是惊喜屋里小丑先生箱的灯光，还是菜单上的巧克力甜点，又或是业务年会酒吧里迷人的同事，只要引发了冲动系统，假如没有完备的"如果-就"计划，自发的"行动！"反应就会得逞。但是，如果建立了"如果-就"计划，冲动系统可以起到神奇的反作用，可以帮助各种群体和年龄的人有效地实现一些艰难的目标，这些目标以前在他们看来可能是无法企及的。

最震撼的应用案例来自患有注意缺陷多动障碍的儿童。注意缺陷多动障碍日益多见，患儿会存在学习障碍和人际交往障碍。他们很容易被打扰，难以控制自己的注意力，因此很难完成特定任务。这些认知缺陷可以对他们的学习和社交造成破坏，导致对于他们的污名化和过度治疗。"如果–就"实施计划已经成功帮助这些儿童，让他们可以更快地解答数学题，在完成需要"工作记忆"[①]的任务时有显著改善，甚至在非常艰难的实验室条件下，他们也能够保持必要的努力，以抵制分心。[7]这些应用展示了"如果–就"实施计划的力量和价值，为人类的自主改变潜能绘制了乐观的前景。目前仍然存在的挑战是将现有的策略从短期的实验转化为长期的干预，从而在人们的日常生活中产生持续的改变。

---

① 工作记忆指的是一个容量有限的系统，用来暂时保持和存储信息，是知觉、长时记忆和动作之间的接口，因此是思维过程的一个基础支撑结构。

第 6 章

冲动的现在和冷静的未来

棉花糖实验让我们看到了儿童是如何做到抵制诱惑和延迟满足的，以及这些能力的差异是如何在日后得以显现的。但是实验选项本身有什么奥秘吗？

我在来斯坦福大学就职前，还在俄亥俄州立大学读研究生时就开始思考这个问题了。有一年夏天我住在特立尼达岛最南端的一个小村庄里，岛上的居民都是非洲裔后代和东印度裔后代，他们的祖先来到岛上时都是奴隶或契约奴隶。这两个种族分别和平地居住在自己的领地上，一条长长的土路将他们的家园分开。

认识岛上的居民后，我特别喜欢听他们讲述自己的生活。我发现他们在刻画对方时有一套经久不衰的说法。东印度人说，非洲人喜欢享乐，比较冲动，渴望开心地活在当下，但从来不会计划和思考未来。非洲人说，东印度人总是在工作，是未来的奴隶，把钱藏在床垫下面，从来不会享受生活。他们的描述让我想到了《伊索寓言》里关于蚱蜢和蚂蚁的经典故事：懒散享乐的蚱蜢跳来跳去，在夏日的阳光里欢乐地鸣叫，享受着此时此景；忧虑繁忙的蚂蚁正在为冬天的到来而长途跋涉地搬运食物。蚱蜢受控于享乐的冲动系统，而蚂蚁在为生存推迟自己的满足。

被一条土路分开的两个种族，是否就是"满足于当下的随性蚱蜢"和"未来导向的工作狂蚂蚁"呢？为了验证他们对于彼此差异的认知是否准确，我沿着那条长长的土路走到尽头，到他们的学校开展调研。学校仍然采用英国殖民教育体系，两个种族的儿童都在这里上学。孩子们穿着雪白的衬衫，十指交叉坐在桌前等待老师的到来，一切看起来整洁、恰当、有序。

老师将我请进教室，就在这里，我对这些 11~14 岁的男孩和女孩展开了测试。我询问他们的家庭成员，了解他们是否相信人们会信守诺言，评估了他们的成就动机、社会责任和智商。每次谈话结束时，我都会给他们一个小奖励：立刻拿到一小块巧克力，或者是在一周后得到一块大得多的巧克力。我在研究期间提供给他们的选项还包括：立刻得到 10 美元，或是一个月后得到 30 美元；现在得到一个小礼物，或是很久以后得到一个更大的礼物。

相比于选择延迟的大礼物的学生，选择当下的小礼物的学生中，很多人经常会陷入麻烦，用当时的话来说就是"少年犯"。他们的社会责任感较低，经常与管理部门和警察局打交道，成就动机水平较低，对于未来也没有太大的抱负。

信任

与特立尼达的父母们所持的刻板印象非常一致的是，非洲裔儿童一般喜欢当下的好处，而印度裔儿童更喜欢选择延迟较多的奖励。[1]当然，故事还没有结束。特立尼达岛上的非洲家庭有一个普遍的现象——父亲的缺失，这在印度家庭中是非常罕见的。父亲缺失的儿童缺乏与信守承诺的男性的交往体验，因此他们对陌生人的信任感较低；体现在这个实验里就是，他们认为我不会带着延迟的奖励如约而至。除非能够确信"延迟"的奖励可以实现，否则任何人都没有理由放弃"当下"。事实上，当我比较两个种族中都有父亲的家庭时，上述的种族差异就不存在了。

很多人在幼年时期都生活在不可信、不可靠的环境中，承诺的延迟奖励从来无法兑现。这样的经历让人无法选择等待，不如把握手里的东西。有人曾经做出承诺，但没有信守承诺，如果学龄前儿童有过这样的经历，他们就不太可能为了两块棉花糖而等待，而是选择马上拿到一块，这不足为奇。[2]这样常识性的预测很早就在很多实验中得到了验证：**如果人们认为延迟的好处并不会出现，他们就会理性地做出不等待的选择。**

在离开特立尼达岛之后的几年内，我在哈佛任教，当时还没有开展棉花糖实验，这段时间我继续研究剑桥和波士顿地区的儿童和青少年的选择问题。对于哈佛大学的社会关系系来说，1960 年是它在开展延迟满足和自控力研究历史上的奇特时刻，很多事情都在发生变化。蒂莫西·利里到哈佛大学任教，把他在墨西哥发现的"神奇蘑菇"付诸实验，尝试制造出全新且致幻的心理改变体验，他自己和学生都参加了实验。有一天早上，研究生的办公桌突然被几张床垫代替了，一些从瑞典化学公司寄来的大包裹陆续到达系里。在 LSD（麦角酸二乙酰胺）致幻剂的帮助下，"打开、调频、离开"的时代开始了，利里率先加入了"反主流文化"，很多研究生都开始追随他。[3]

世界似乎正在失去控制，但它也及时地意识到了研究这种失控状况的必要性。当时卡罗尔·吉利根正在准备读博士，我们合作开展了一个新项目，对波士顿地区两所公立学校的六年级男孩展开实验。[4]我们想知道的是：相比于选择可以马上到手的小奖品的儿童，那些为了得到延迟的大奖品而选择等待的儿童，是否比亚当和夏娃更能抵制强大的诱惑。但是 12 岁的男孩需要一些比苹果更诱人的东西。

在实验的第一阶段，我们采取了与特立尼达岛上同样的做法，先让男孩们在教室里完成一些任务，然后为了对他们表示感谢，我们会提供很多种奖品，但都是在"现在较小"和"未来较大"中做出选择。然后我们期待发现的是：他们在面对强大诱惑时的应对方式是否与这个选择相关呢？比如一个需要作弊才能成功的情境，在第一阶段中选择等待的人向诱惑低头的可能性会小一点吗？

为了回答这一问题，我们在学期末设立了一个与第一阶段看似无关的独立研究。我们将一款技能游戏分别单独介绍给每一个儿童，这个游戏是使用激光枪摧毁反苏联太空竞赛中受损的火箭，游戏目标表面看来是观察男孩们打枪的速度和效率。大型玩具枪被涂成银色，安装在一块木板上，对准高速"火箭"目标，用一排五盏灯表示每次打中后获得的积分。三枚闪闪发光、颜色鲜艳的运动员徽章（射手、神枪手、射击专家）是他们取得一定总积分后的奖品。虽说20世纪60年代的激光枪对于今天的小孩子们来说简直就是博物馆古董，让他们不屑一顾，但对于当时的12岁男孩来说是无法抵挡的诱惑。

卡罗尔告诉孩子们："我们假设火箭是坏的，必须被摧毁。如果谁射得还不错，我会颁发这枚射手徽章；比射手棒的，我就颁发这枚神枪手徽章；如果射击特别好，比射手和神枪手都棒，我就颁发这枚射击专家徽章。"

男孩子们不知道的是，每次射中时所得的积分是随机的，与他们的射击技能并不相关，他们得到的积分也达不到徽章所需的积分总数。因此，如果他们想要徽章，只能谎报积分；如果想要更高级的徽章，就必须谎报更多积分。每个男孩子都是单独在房间里玩这个游戏，并自己记录积分。我们会计时，并记录他们作弊的总分。结果很清晰：我们在特立尼达岛发现的规律同样存在，波士顿地区的"少年犯"也会选择当下的小奖励。在第一阶段中选择延迟的大奖品的儿童，相比于选择当下的小奖品的儿童而言，作弊的情况要少得多。[5]即使那些选择延迟的大奖品的男孩也作弊了，他们不仅向作弊的想法屈服了，等待的时间也是较长的。

冲动的现在与冷静的未来

2004 年，在认识特立尼达岛的邻居们——《伊索寓言》里欢乐的蚱蜢和努力的蚂蚁——半个世纪之后，我在《科学》杂志上看到了塞缪尔·麦克卢尔和同事们的研究。这些研究者在决策过程的研究领域中迈出了领先的一步：他们使用功能性磁共振成像研究人们在"当下的利益"与"未来的利益"之间进行选择时大脑的运转情况。

心理学家和经济学家都曾发现，当人们在面对即刻的利益时往往受到冲动系统的驱动而变得非常急迫，但是如果所有的选项都是延迟的利益，人们可以是耐心的、理性的、平静的。虽然这种不一致已经被发现了很久，但底层的大脑机制一直是一个谜团。为了解决这一问题，麦克卢尔的研究团队首先对大脑的冲动系统和冷静系统分别扮演的角色提出了假设，然后在此基础上开展研究。[6]情绪化的冲动系统（边缘系统）导致了短暂的耐心缺失，因为冲动系统会被当下的利益以及"我现在就要"的"行动"反应自动激活，但是对延迟的利益或任何未来的东西不敏感。而相比之下，要在不同的延迟利益之间理性地做出选择（如退休计划）则需要持久的耐心，这一点有赖于冷静的认知系统，特别是大脑前额皮质区及其他紧密联系的结构，这些结构是在人类进化的晚期开始发展的。

在麦克卢尔团队的研究中，他们给成年人的选项是现在或稍后到手的金额不同的现金（比如，现在 10 美元，明天 11 美元），或者是未来到手的不同金额（比如一年后 10 美元，一年零一天后 11 美元）。

研究过程中使用功能性磁共振成像对参与者的冲动系统和冷静系统的神经区域进行监测。研究人员发现，可以根据参与者每一个神经区域的参与程度预测个体的选择：是即刻的较小利益，还是延迟的较大利益。当参与者面对两个近期的选项时（今天的一定金额与明天稍高一点的金额），神经活动发生在冲动区域；当参与者面对未来的利益时（一年后的一个金额与一年零一天后稍高一点的金额），神经活动发生在冷静区域。麦克卢尔团队由此确定存在两套神经系统：一个冲动，一个冷静，分别独立评估即刻的利益和延迟的利益。这一发现印证了我们之前的研究，大脑的活动方式竟然与我们在惊喜屋中从学龄前儿童的行为中得到的发现是一致的。2010年，由哥伦比亚大学的艾尔克·韦伯和贝恩德·菲格纳领导的研究团队开展了另外一项研究[7]，对促使我们做出延迟等待决定的大脑区域进行了更加准确的定位：前额皮质的左侧，但不包括右侧。

当下的利益会激活冲动的、自动的、反射性的、无意识的大脑边缘系统，这一区域几乎不关注未来的结果。它只想得到它现在立刻想要的[8]，对任何延迟利益的价值都"大打折扣"。大脑边缘系统受到需求目标的图像、声音、气味和触感的驱动，它是让学龄前儿童按响铃铛的棉花糖、甜点盘上无法拒绝的松软蛋糕、古代神话中让水手沉船的塞壬女妖的歌声。这也解释了为什么公众眼里的聪明人会做出愚蠢的决定，比如总统、议员、官员和金融大亨，当下的诱惑哄骗他们忽略了其带来的延迟的后果。

相反，延迟的利益会激活冷静系统，位于前额皮质中反应缓慢

的、周密的、理性的问题解决区域。这一区域思考长远的结果，使人类显著区别于其他生物。正如我们在前面几章所知道的，延迟能力可以帮助我们放慢速度，"降温"足够长的时间，以便于冷静系统对冲动系统的所作所为进行监管。再次强调，冲动系统关注当下的利益与威胁，冷静系统关注延迟的结果，这两个系统同时起作用：一个太活跃了，另一个的活跃度就会降低。接下来的研究难点是：什么时候应该让冲动系统引导你，什么时候应该让冷静系统苏醒过来，且如何让它苏醒过来。

麦克卢尔的团队也引用了经典的《伊索寓言》总结了他们的结论："人类行为一般是由两股力量的相互竞争所支配的。一个力量来自低水平的自动处理过程，反映了人类在进化过程中对于特定环境的适应；另一个力量来自进化晚期形成的独特能力，用来概括、推理和规划……"人类的偏好似乎也反映了隐藏在每个人身上的两种生物之间的竞争[9]：一个是被冲动的边缘系统支配的蚱蜢，另一个是被有远见的前额区域支配的蚂蚁。

我们所有人可能既是蚱蜢，也是蚂蚁，但在特定时刻下，是"边缘蚱蜢"出现，还是"前额蚂蚁"出现，有赖于当时环境中的诱惑是什么[10]、我们如何评价它、如何看待它。正如奥斯卡·王尔德的名言，"除了诱惑，我可以抵抗一切"。[11]

第 7 章

延迟满足能力的可塑性

詹姆斯 1928 年出生于芝加哥,在成长过程中,他一直担心自己会遗传妈妈的爱尔兰基因。[1] 他的目标是成为班里最聪明的孩子,而芝加哥的爱尔兰人曾一度被嘲笑智商不高。他记得小时候听过这样的故事,招聘广告都是以这样一句话结尾的:"爱尔兰人不必申请。"詹姆斯明确知道他的爱尔兰基因很强大,但还没有明显迹象表明他智商不高。幸运的是,他发现"爱尔兰人的智商,以及所谓的其他缺陷,都是由爱尔兰的环境塑造的,跟基因没有关系——要怪就怪后天养育,不要怪先天条件"。詹姆斯的姓是沃森,他和弗朗西斯·克里克发现了 DNA 的结构,并于 1962 年被授予诺贝尔生理学或医学奖。他们的发现为我们理解"我们是谁""我们可以成为谁"这样的问题打开了一扇窗。在詹姆斯与瑞典国王握手后的半个世纪里,令人惊讶的答案纷至沓来。

1955 年，詹姆斯和弗朗西斯研究 DNA 结构的同期，我正在俄亥俄州立大学读博士。有一天，亚伯·布朗先生带着 10 岁的儿子乔来到心理系的诊所，布朗先生看起来很焦急，不想浪费任何时间，直接抛出了他的问题："我就是想知道，他是笨还是懒？"每次在我介绍棉花糖实验后，父母们（特别是高学历父母）也会因同样的问题而焦虑。这个问题让小时候的詹姆斯·沃森备受煎熬，但是聪明的詹姆斯自己找到了答案。每次讨论人类行为的起因时，我也会遇到这个问题：是先天的，还是后天的？我和布朗先生聊了几分钟就理解了他自己那套关于先天和后天的理论：如果乔很笨，布朗先生就无能为力了，只能尝试接受现实，对儿子"宽松下来"；如果乔"只是懒"，布朗先生就要想办法定规矩，让他"振奋起来"。

几个世纪以来，关于基因与环境对大脑和行为的影响的争论从未停止，争论内容几乎涵盖了所有重要的人类特征：从智商、天赋、能力的根源，到攻击性、奉献精神、责任心、犯罪行为、毅力、政治主张，再到精神分裂、抑郁、长寿。争论也不仅限于学术领域，在社会政策、政治学、经济学、教育和儿童培养等领域同样引发了思考。比如，我们将经济和发展的不均衡归咎于基因条件还是环境力量，决定了我们对政治事件的主张。如果认为差异源于自然，那么社会大众可能会同情那些输掉基因赌局的人，但并不会认为应该由世界为他们的不幸买单。如果环境应该为"我们是谁""我们会成为谁"负责，那么改变环境中已经产生的不公平是否就是我们自己的责任了呢？你怎样看待遗传与先天条件在毅力、性格、人格形成过程中的作用，不仅会影响你对人类的天性与责任的抽象观点，还会影响你对于自己和孩子的诸多可能与不可能的直观感受。

在我所经历的不同时期中，已被接受的各种"先天-后天"的科学观点曾经截然相反。20世纪50年代前，行为主义一直主宰着美国的心理学[2]，在斯金纳这样的科学家眼中，周围的人在来到这个世界时都是一张白纸，接受环境给他们盖上的印记，由此决定了他们成为什么样子，环境会借由奖赏或强化去塑造他们。自60年代开始，这种极端的环境论退出了大众的视野。到了70年代，对于这一问题的思考被扭转了方向，诺姆·乔姆斯基等语言学家和其他认知科学家证明，决定我们成为人类的很多东西都是"预制"的。最早的争论是关于婴儿如何习得语言，获胜方的观点是，支撑语言的语法能力很大程度上是天生的。当然，婴儿最后是讲高地德语，还是讲中文普通话要取决于学习和社会环境。新生儿这张白纸是经过深层加密的，绝不是一片空白。[3]

在婴儿长大的每一年中，你都会发现越来越多、越来越神奇的东西是他们从踏出子宫的时刻起就具备的。哈佛大学的伊丽莎白·史培基是探索婴儿心理和大脑的领先研究者之一，她通过婴儿的凝视观察他们理解什么、不理解什么。比如她告诉我们，婴儿是天生的会计师[4]，对于理解数字具有超凡的潜力，并且也具有几何天赋，至少在他们探索三维空间寻找隐藏的宝贝时是这样的。**婴儿有什么样的理解技能似乎更多地受限于我们成年人发现他们技能的能力。**

气质

父母们很早就意识到孩子们的气质互不相同，宝宝出生后不久，父母就会从他们的情绪反应中发现这种内在差异。早在古希腊、古罗马时期，气质类型学将内在的情绪特点与人体的四种关键体液（DNA 的早期版本）联系起来，描述了气质的差异。根据这一理论，当血液起主导作用时，人属于"多血质"，性格和善、愉悦；当黑胆汁起主导作用时，属于"抑郁质"，人容易焦虑和情绪化；当黄胆汁过多时，属于"胆汁质"，人随时会生气、被激怒；当黏液过多时，属于"黏液质"，人比较随和，但反应比较慢。

婴儿在来到这个世界时，就在情绪反应、行动水平、控制和调节自己注意力的能力等方面存在生理差异，这些差异极大地影响了他们的感受、思考、行动，决定了他们成为什么样的人，其中就包括他们实施自控和推迟满足的能力。[5] 新手父母经常热衷于不厌其烦地谈论宝宝的脾气改变了他们的生活。[6] 我们都知道，多数宝宝通常是多种情绪的综合体。但也存在极端情况，有的宝宝非常活跃，总是在笑，很早就表现出强烈的喜悦；还有一些宝宝非常情绪化，很容易被激怒，很容易受到负面影响，这样的宝宝经常会变得压抑、敏感、愤怒，特别是在遇到挫折时（好像他们也总是遇到挫折）。宝宝的社交技能也各不相同，有些宝宝遇到陌生人和新玩具时会感到害怕，而有些宝宝看起来很希望与所有的人和物展开互动。有些宝宝很少害怕，但一旦感到害怕就会变得非常惊恐，难以安慰；而有些宝宝经常会感到害怕，但很少会变得惊恐。

宝宝们做出反应的活力、强度、节奏、速度都非常不同，有些宝宝睡眠较多，于是家人也跟着一起睡，有些宝宝则不分昼夜地忙于行动和寻求与他人的互动。这些气质上的差异不仅体现在宝宝看起来是否活跃、随和、开心、伤心，还和他们的父母是否经常微笑、大笑、陪宝宝玩耍以及睡眠充足有关，也和父母是否经常感受到欢乐而不是疲惫和绝望有关。儿童的情绪化行为持续地影响着养育人的情绪化行为，反之亦然。他们一方感到快乐，另一方就会更加快乐；一方痛苦，另一方就会更加痛苦。

随着年龄的增长，情绪特点决定了不同的儿童在调节注意力、延迟满足、实施自控等方面会有不同的表现、速度和所需条件。这些情绪特点有多少是遗传的呢？大多数人在提出这个问题后，思考片刻就会意识到答案，肯定是遗传与环境的共同作用。对于双胞胎，特别是同卵双胞胎的研究已经持续很多年，通过比较在同样家庭中长大的双胞胎，以及比较分别在不同家庭中长大的双胞胎，试图发现先天与后天因素对行为特征和心理性格的影响。虽然对双胞胎研究的某些细节争议不断，但是有一个估计是合理的[7]：在双胞胎各方面的发展中，有 1/3 到 1/2 的部分归因于基因差异；在智商方面，同卵双胞胎的相似度甚至要更高一些。值得指出的是，即使是共同长大的同卵双胞胎，也完全有可能出现这种情况：一个患有精神分裂、重度抑郁或其他心理和生理疾病，而另一个完全健康；一个是高自控力的表率，而另一个是冲动的化身。

研究人员开展双胞胎比较研究，目的是分析先天作用与后天作用所占的具体比例[8]，这种做法假定了先天与后天是相互独立的。我们确实应该感谢研究人员开创性的工作，这些研究明确了一点，我们作为生物个体而言很大程度上是"预制"的，但先天与后天同样重要。但是随着遗传性研究的深入，我们发现了先天与后天是无法轻易分开的。[9]人类的气质和行为模式，包括个性、态度和政治信仰，都反映了基因（通常是多种基因）的复杂作用，但基因作用的表达方式是由整体生命进程的环境因素塑造而成的。这是一出极其复杂的舞剧，"我们是谁""我们会成为谁"反映了基因与环境在这出舞剧中的相互影响。此时我们应该抛开"影响有多大"这个问题，因为这个问题无法简单回答。正如加拿大心理学家唐纳德·赫布很久之前就指出的：这个问题就像是在问，长和宽哪个因素对矩形面积的影响更大呢？

解密 DNA 图书馆

结论无法回避：我们参演的这出舞剧中，环境和基因相互交织，谁的角色都无法被去掉。但是解密 DNA——从解开密码到给人类基因排序，再到绘制其中的控制因素——从分子角度演示了"后天"如何参与"先天"作用，成就了"我们是谁"。

DNA 是提供指令让细胞设计、实施生命活动的生物密码。在人体内数十万亿个细胞中，每一个细胞的细胞核内都有一个完全相同的完整的 DNA 序列。记录这一基因信息需要 15 亿字节，刻满两张 CD

（激光唱片）光盘，但是 DNA 序列本身却可以排列在削尖的铅笔笔尖上。[10]

听起来已经十分庞大了，但这只是冰山一角，因为真正的灵活性和复杂性在于 DNA 是如何被组织和使用的。DNA 的密码"字母"是 A、C、G、T，它们能以各不相同的独特方式组合成不同的"单词"。在此基础上，更加复杂的组织方式——何时、何地、以何种方式将这些"单词"组合在一起——形成了庞大的个体差异指令系统，而这个系统打造了独特的我们。这一切是怎样运转的呢？

我们试着把容纳了两万个基因的人体想象成一个拥有上万本藏书的图书馆。DNA 图书馆中的每一本书中都有用单词组成的语句，这些 DNA 句子就是基因。语句被进一步组织成段落和章节，就是执行特定功能的高度配合的基因模块，再进一步组织成一本书，之后进一步组成图书馆的区域，就是组织和器官。这当中存在关键的一环：读者来参观图书馆的整体感受并不是藏书量这么简单。读者的体验包括了他参观图书馆的时间、谁和他一起去的、他们去了哪个区域、当时图书馆哪些地方是开放或关闭的、他从书架上取下了哪些书。简言之，他看了什么书——基因表达什么或不表达什么，取决于生物因素和环境影响之间的庞杂互动。这可能性是无穷无尽的，并且环境是扮演着主要角色的。我们的基因构造（或者说我们的图书馆）提供了一个令人惊叹的能够对环境做出响应的敏捷系统。

需要解开的谜团是找到对环境做出响应的 DNA 的物理特征。谜底就是：DNA 中有一个很小的部分，是它负责编码组成"单词"进而组织成了"语句"（就是基因）。长久以来，位于语句之间的 DNA 一直被认为是编码之外的"垃圾"，其功能一直是个谜。最近的研究工作正在表明这些大量的非编码 DNA 根本就不是垃圾，相反，它们的重要作用就是决定我们的 DNA 如何表达。这些"垃圾"里充满了关键的控制开关，决定了在何时、何地、如何编写语句，以便对环境的引领做出响应。弗朗西斯·尚帕涅是研究环境如何影响基因表达的专家，基于上述发现，弗朗西斯提出了一个观点：是时候放弃先天与后天的重要性的争论了，我们更应该关心的是基因的作用是什么，环境怎样改变基因。[11]

所有的生物进化最终都是要受到环境影响的，其中也包括社会-心理环境。环境包括了所有的事情，从母亲的乳汁，吃下去的西蓝花和培根，服用的药物，吸收的毒素，到生命中所经历的社会交往、压力、挫败、胜利、欢乐、悲伤。环境在幼年时是最具影响力的，比如，准妈妈在孕期遭受的来自伴侣的压力可以传递给后代，以至于宝宝到成年后都有可能产生严重的行为问题。[12]大多数人，但不是所有人，在童年时期遭受的压力会影响他们体内的基因表达[13]，引发防御性的反应，特征就是升高的免疫能力和压力反应能力。这样的研究结论表明，婴儿大脑的细胞环境很大程度上受到了母体环境的影响。

值得注意的是，环境的影响甚至会先于孕期。尽管已经产生很多关于遗传性的结论，最近的研究证据显示，我们的细胞中的非基因特征也是遗传而来的。[14]尚帕涅指出，这意味着在分子层面上，由社会环境和物理环境引发的非基因特征，可以改变细胞的特征，并最终参与创造个体的后代。至于这一切是怎样产生的，解密刚刚开始。但有一个结论会让我们为之一振：**社会交往中的风险和适应力可能会在代际传递**。这意味着，青少年期和成年后的生活方式、饮食、吸烟，以及社交体验中的快乐和压力，都会在一定程度上影响后代基因中被表达的内容和被忽略的内容。

在出生后的一年内，前额皮质开始以特定的方式发育，这种发育对自控力和自主改变是非常关键的。在我们的冲动系统与冷静系统的比喻中，前额皮质的发育意味着冷静系统的开发，并会逐渐形成自控力。在 3 岁到 7 岁之间，这项发育逐步成熟，使得儿童能够转移和集中注意力，调节情绪的适应力，抑制多余的反应，从而有效地达成目标。

这些变化使儿童在成长的过程中开始调整他们自己的感受和反应，并对先天条件的展开方式进行修正，而不是做先天条件的承受者。这种以多种方式进行自我调节的能力可以改变先天特征的表达方式。哈佛大学的杰罗姆·凯根是研究害羞的领军人物，他曾经引用了一个故事来描述这种能力。他的孙女在上幼儿园时，正在努力克服胆怯，孙女请他假装互相不认识，这样她就可练习克服胆怯，而且最终奏效了。凯根早期的研究已经证实，虽然害羞这样的遗传特征是有基因根源的，但可以被改变。良好的学龄前经历，养育人努力避免过度保护，都可以帮助害羞的儿童减少胆怯。孙女的经历向这位杰出的害羞研究者表明：儿童可以做自己成长过程中的有效主体[15]，他们可以使用丰富的策略去改变先天条件在他们生命中的展开方式。

基因继承和母方环境

　　啮齿动物，我们在家中避之不及、赶尽杀绝，但在研究先天作用与后天作用的相关实验中是常用的对象，因为老鼠与人类的基因惊人接近。观察老鼠和其他啮齿动物的行为可以回答无法用人开展实验的人类行为问题。2003 年，埃默里大学的托马斯·因塞尔和达琳·弗朗西斯领导了一个研究团队，他们的实验使用了在猎奇与恐惧方面具有显著差异的两种小鼠（BALB 和 B6）。BALB 天生胆怯，行为畏惧，因此它们总是蜷缩在笼子的角落里。与此形成鲜明对比的是，B6 天生喜欢猎奇，相对大胆。研究人员要测试的是，如果在一个胆怯、恐惧的母亲身边长大，天生勇敢、猎奇的小鼠会有怎样的行为。[16] 这样的小鼠与那些长在胆怯母亲身边的、天生胆怯的小鼠变得接近了。他们得出了两个结论：**基因继承是决定行为的重要因素；幼年时期的母方环境也同样重要，对基因的功能具有重要作用**。

　　1958 年发表在《加拿大心理学杂志》上的一项研究中，研究人员选择性地培育了"迷宫迟钝"和"迷宫机敏"[17] 的大鼠来开展实验。经过多代繁殖后，这种选择性培育的大鼠在走迷宫时要么迟钝，要么机敏。科学家们把这些幼年大鼠分别放在两个环境中，一个是充满了感官刺激的活跃的大鼠世界，另一个是基本没有任何感官刺激的贫瘠的大鼠世界。置于丰富环境中的迟钝大鼠变得显著聪明了；而置于贫瘠生活空间的机敏大鼠变得迟钝了，行为表现发生了显著下降。环境神奇地改变了认知能力的表达，这种认知能力虽然是通过选择性培育而制造的，但与基因遗传的能力是相当的。这一研究首次证实了基因的作用有赖于它产生作用的环境。

不同的母亲或其他抚养人在养育方式上具有很大差异，但是操控这些差异的研究实验无法对人开展。另一项研究也使用了啮齿动物来观察大鼠母亲给予幼崽的刺激能否改变后代的情况。当大鼠母亲抚育幼崽时，会为幼崽舔舐、清洁（Licking and Grooming，LG），但是它们舔舐和清洁的方式具有很大的、稳定的差异。有些会非常频繁地舔舐和清洁，正如人类，有些母亲会比其他母亲给予宝宝更多的刺激和情感。这项研究表明，相比于那些拥有低 LG 的大鼠幼崽，拥有高 LG 的幸运大鼠幼崽会大大地受益[18]，它们在认知任务中的表现更好，遇到严重压力时的生理唤醒水平较低。

下一项研究就与啮齿动物无关了，而是针对我们人类这个物种，新西兰心理学家詹姆斯·R. 弗林发现，在美国和英国这样的工业化国家中，人口的智商分数具有普遍上升的趋势，分数在代际具有显著的增长。[19]研究所使用的智商测试不依赖于语言知识和符号，而是考查解决问题的能力，结果发现每一代人的分值平均提高 15 分。有一点是确定的：在这些研究开展的 60 年时间内，这种变化无法归因于人口的基因改变，肯定是由进化产生的。这是环境对智商等类似特征的影响力量的有力证据。像智商这样的特征，虽然很大程度上由基因决定，但自身也具有很大的可塑性。詹姆斯·沃森是这样总结的：人的素质是无法提前设定的。[20]

新西兰的一项研究对 1000 多名儿童从 1972 年出生后开展了 30 多年的跟踪调查，为人类基因与环境的相互作用提供了强大的例证。[21] 研究人员调查了 20 多年间所经历的重大压力事件的次数是否会影响长期的抑郁风险，同时评估了改变大脑中血清素水平的基因变异。研究再一次发现，基因的潜在风险和韧性能否被激活主要取决于基因与环境的互动。基因脆弱同时遭遇较大压力的生活事件的人群患有抑郁症的可能性较大。

澄清"先天与后天"

我们的基因决定了我们如何应对环境，而环境决定了 DNA 的哪些部分被表达、哪些部分被忽略。在为了实现目标而控制注意力的过程中，我们做了什么、做得怎么样都会成为环境的一部分，我们参与创造环境，环境再影响我们。这种相互影响塑造了"我们是谁""我们会成为谁"，从身心健康到生命的质量和长度。

再次重申，人类的气质和行为模式，包括性格、个性、态度甚至政治信仰[22]，都反映了我们基因的复杂作用，而基因的表达贯穿整体生命进程，并且是由庞大的环境因素塑造的。气质是在一出庞杂的舞剧中由基因与环境的相互作用产生的，这就意味着是时候澄清"先天与后天"的关系问题了。正如丹妮拉·考费尔和达琳·弗朗西斯在2011 年指出的，先天与后天关系的最新研究发现"反转了基因-环境关系的默认假设……事实上，环境可以是决定因素，而我们一度相信只有基因才是……基因是可以被打造的，而我们一度相信只能打造环境"。[23]

我们现在来回答半个世纪前布朗先生提出的关于儿子的问题（是笨还是懒）：大部分素质在某种程度上是先天的，但也是灵活的，具有可塑性和改变的潜力。但是找到那些可以改变它的条件和机制是具有挑战性的。我想布朗先生可能对这个回答不太满意，他的冲动系统需要一个短平快的答案：是笨还是懒。但随着我们对先天与后天了解得越来越多，我们越是清楚地知道，**它们是以一种互相依存的方式塑造对方的**。

"延迟满足"如何
帮助我们度过一生

我们在第一部分中已经了解到：学龄前儿童是如何延迟满足的，实现自控的技能是如何被加强和培养的。让自控变轻松的技能虽然很大程度上是遗传的，但仍有部分是可以习得的。必要的认知和情绪技能不仅可以帮助学龄前儿童延迟满足，还可以为他们铺设道路，以在未来开发心理资源，养成良好心态，构建社会关系，进而更有希望帮助他们构建自己想要的丰盈、成功的人生。我将在第三部分中讨论的是：延迟满足的能力是如何通过有效地开展自控、调节个人弱点、冷却冲动反应、考虑后果等方式来保护自己的。我梳理了从学龄前开始的人生，从中寻找童年时期等待棉花糖的时长与中年成功之间的底层联结。如果我们能够理解这些联结，就可以开发这种作用关系，并学会如何帮助我们自己和我们的孩子。

首先，冲动系统值得被感激、被倾听、被学习，它赋予我们的情绪与激情使生命更有意义，它引发的自动判断和决策有时是非常奏效的。冲动系统是有代价的：它不费吹灰之力就可以迅速做出判断，但往往在直觉上正确，实际上一败涂地。它可以让你在撞车前及时刹车，挽救你的生命，也可以让你在听到枪声时迅速找到掩体。但是，它也可以让人陷入麻烦：在黑暗的小巷里，正常执法的警官迅速开枪，但射中的却是看上去可疑、实则无罪的人[1]；相爱的人因为嫉妒和猜疑分手；过于自信的成功人士由于贪婪或恐惧做出了错误的决定，最终毁掉了自己的人生。而且，冲动系统的冗余部分足以危害健康、财富和幸福，比如，让人无法拒绝的、挥之不去的诱惑，异常生动的恐惧画面，由于信息量有限而引发的偏见，仓促之下得出的结论和做出的决定。第三部分将分析此类风险，并寻找控制风险的方法甚至从风险中进行学习。

在达尔文的残酷世界里，自然选择塑造了冲动系统，使生存和 DNA 的延续成为可能，但在人类进化的后期，自然选择也同样塑造了冷静系统。冷静系统帮助人类带着想象力、同理心、预见力甚至智慧去聪明地展开行动，让我们对事件、形势、他人和生活重新进行评估和构建。这种建设性和创新性的思考能力可以改变外部刺激和生活事件对我们的感受、思维与行为造成的影响，前文的学龄前儿童就是这么做的。这些能力可以让我们成为自身行动的主宰者，去承担责任，实施自控，影响人生走向。

面对诱惑时开展自控的心理机制，同样可以用来调节和平复痛苦的情绪，比如伤心、遭到拒绝等。维持这种机制的心理免疫系统具有巧妙的工作原理，多数情况下都可以保护我们的自尊，减少压力，制造良好（至少是不坏的）的感受。这种心理机制让我们透过"玫瑰色"眼镜看待自我，从而远离抑郁。摘掉"玫瑰色"眼镜就会增加抑郁的风险，一直戴着又会带来虚幻的乐观主义，承担过度的风险。如果我们借助冷静系统来监督和纠正"玫瑰色"眼镜导致的失真，就有可能避免骄傲自大和过度自信带来的危害。心理免疫对我们的益处还包括：保护我们避免糟糕的心情；让我们对自己的生活形成主宰和高效的感觉；帮助我们形成乐观的预期，继而减少压力，并保持身心健康。我将研究这些过程是如何展开的、是如何在冷静系统的驾驭下改进我们的生活的。

　　长期以来，西方理论对于性格和天性都是这样假设的：自控和延迟满足的能力是个人稳定的特征，在任何环境和背景下都会体现在他们的行为中。那么下面这种情况也就不足为奇了：当媒体曝光著名领袖、明星或是社会精英的隐私生活后，世人发现这些人的判断力和自控力竟然一塌糊涂，纷纷到社交媒体上表达他们的震惊。但如果这些成功人士参加棉花糖实验，一定可以等到两块棉花糖。换成其他情况，他们也一定可以推迟满足，否则他们就不会取得举世瞩目的成功。那么为什么聪明人会办傻事呢？绊倒他们的是什么呢？为了弄清这一点，我一直致力于研究在各种情况下人们实际上做了什么，而不仅仅是他们说了什么。在个性的具体表达上，包括责任心、诚实、进取心和社交，确实是具有稳定性的。但这是在特定背景下表现出来的一致性：亨利总是很负责，在工作中是这样的，但在家庭中不是；莉斯温暖、友善，对待亲密朋友是这样的，但在某次大型舞会上不是这样的；某个政府官员是值得信赖的，在处理国家预算时是这样的，但被漂亮的秘书包围时不是这样的。因此，如果我们要了解并预测人们可能会怎么做，就必须确定他们能表现出负责、友善等行为的具体情况。

过去几十年的研究成果，特别是社会认知神经学、遗传学、发展科学的成果，为我们打开了洞察心理和大脑机制的一扇窗。这些研究表明，自控力、认知重评和情绪调节扮演了"我们是谁"这个故事的主角。在这些研究中，年轻的哲学家变成了实验主义者，把对于人性的新思考在真实世界中付诸实践，不仅包括"我们是谁"，也包括"我们能成为谁"。能够让我们拥有主动权、实施自控和做出明智选择的情况与技能绝非没有限制，而是受限于各种残酷的条件。在无法预测的现实世界中，好运、厄运、社会和生物历史、当下环境、我们的关系，都会在其中发挥作用，限制我们的选择。如果我们能够区分具体情况，灵活地使用冷静系统，不要让它过于僵化，避免将快乐和活力挤出冲动系统，如此形成的自控力技能是可以带来巨大改变的。

驱动冷静系统的是前额皮质，这一点我在前文中已经有所强调。它带来了解决问题所需的注意力控制、想象、计划和思考，在追求长期目标的过程中实施努力和自控，这些帮助学龄前儿童等到了他们想要的奖品。相同的策略在整个人生中也同样适用，只不过诱惑物发生了变化。这些策略为什么会奏效、是怎样奏效的？它们可能给你的生活带来什么变化？这是本部分的内容。

第 8 章

成长的良性循环

前文给我们留下了一个没有回答的关键性问题：学龄前儿童为了得到较大奖励而等待的时长与他们的人生发展之间是具有相关性的，我们该如何理解其中的关联呢？本章即将解锁这一关联，儿童在幼年时期为了实现有诱惑力的目标而主动实施自我控制的能力，可以为他们带来强大的优势，帮助他们在未来的人生中取得成功，将自己的潜能发挥到最大。虽然自控力是构建美好人生的要素之一，但它无法独立发挥作用。成功的引擎需要特别的资源驱动，这些资源会保护个体免受压力的负面影响，提供可以进一步培育的基础。在本章中，我将讨论这些资源及其运转方式。我从乔治说起，他小时候的故事可以用来诠释我们的研究。

被拯救的人生：乔治

乔治·拉米雷斯在纽约南布朗克斯的贫困区长大，与斯坦福大学宾幼儿园惊喜屋里的优越世界截然不同。[1]乔治1993年出生在厄瓜多尔，父亲在一家银行工作，母亲是图书馆员。在他5岁的时候，国家经济形势下滑，他和姐姐跟随父母带着很少的钱移民到南布朗克斯区，一家人住在一个房间里。乔治当时进入了4个街区以外的156公立学校就读。我是在他19岁时遇到他的，他谈到了他在这所学校的第一感受：

> 我不会说英语，他们把我安排在双语班，老师倒是很友善。但真是一团糟，大家到处跑，尖叫，大人也在尖叫，完全是混乱的，大家互相推搡、恐吓，也没有人管……我打了几次架，总是被一些大人围着教训，他们还直接或者间接地告诉我的同学，说我哪儿也去不了。我努力又有什么用呢？我记得二年级时老师冲着嘈杂的班级大喊："我看你们以后没有任何出息。"就这样持续了4年。

乔治9岁时，家里中签，于是他进入KIPP，这是由"知识就是力量"（Knowledge Is Power Program）项目支持的特许学校，他说这里"拯救了我的人生"。我会在后文进一步介绍这所学校。

2013年，乔治作为校友报名担任志愿者，回到KIPP辅导学弟学妹充分利用自身的经历，我就是在这里认识他的。从KIPP往下走三层就是他最早就读的公立学校。在讨论那所公立学校时，他说道："我知道他们尽力了，但是感觉没什么变化。"我们当时在KIPP的过道里还是能听到三层楼以下的教室里传来的吵闹声。我虽然没去那一层参观过，但是我和学生几年前在附近的南布朗克斯公立中学开展过研究，乔治的描述与我对那里的印象相当吻合。

我问乔治KIPP是如何"拯救"他的，他回答：

> 我来KIPP的第一次，也是被所有人相信的第一次。我的父母虽然鼓励我，但他们懂的知识不多。KIPP用知识鼓励我，告诉我"我们相信你，让我们一起努力！这里有我们共同的资源"。充裕的时间，管弦乐团，关注个性，备战高考，严厉的爱，积极的期望……"你们所有人都要上大学！"这种真诚让你意识到你也同样关心这些事情。如果你犯了错误，做了什么显得很蠢的事情，他们会告诉你应该做什么，你也清楚知道他们这样做是出于关心。

乔治相信，KIPP改变他的最重要的方法是让他清楚自己的行为是有后果的：

> 我人生第一次清楚地意识到后果的存在。以前，我周围从来没有人告诉我希望我做什么，并且不是用大喊大叫的方式。KIPP希望我做到的事情是为了我好，也是为了周围每一个人好。为了肯定我已经做好的事情，或是鼓励我做得更好，大家会给予我大量的积极强化。当你做了正确的事，正确的事就会发生。当你做了坏事、错事，不好的事情就会发生。

乔治很快就明白了事情的后果："在离开学校后的一年内，我把这个道理应用到生活中。如果我对他人礼貌，他们就会对我礼貌。虽然现实世界不总是这样的，但通常是这样的。你很快就可以把'行为的后果'这条规则从学校应用到所有地方。"

乔治 2003 年来到 KIPP 时不是"坏学生"，但是他脾气暴躁，没有礼貌，过于安静。"如果得不到我想要的东西，我就会十分沮丧，脾气暴躁，没有自控力，在不恰当的时候从所有事情中取乐，比如当有人做了不妥的事情时，我就嘲笑他。"他在 KIPP 的第一天就惹了麻烦，因为一直冲数学老师翻白眼，他被要求到教室后面罚站，这让他很震惊。后来更让他惊讶的是，老师布置了作业并且还在第二天做了详细的检查，他说在公立学校从来没碰到这种事情。

乔治把在学校取得的成功归因于努力。他在 KIPP 的每一天时间都很长：早上 7：45 到校，一直到下午 5 点，有时甚至到晚上 10 点。每天回到家还要做几个小时的作业，每周六都要到校，每个暑假都有几周需要到校。我外婆可能会喜欢他，因为外婆以前经常告诉大家，有一个神奇的因素可以创造格外成功的人生，她称之为"坐功"。她的意思是只有坐稳了，付出巨大努力才能完成工作。外婆对"坐功"的认识后来在布鲁斯·斯普林斯汀的一生中得到了印证。斯普林斯汀作为摇滚音乐人、歌曲创作人、表演家，他似乎是打造生机盎然的成功人生所需的所有品质的化身。斯普林斯汀生于 1949 年，60 多岁时的演出依然精彩绝伦，给所有崇拜他的人带来了无限快乐。他的故事一直是国家宪法中心和摇滚名人堂博物馆中历史展览的主题。在一次演出前有人问他，使他成为艺术家和表演家的内在品质是什么，他说："可能我比我知道的任何人都努力。"[2]

在我写这本书时，乔治发展得非常好，正在耶鲁大学攻读享有全额奖学金的学士学位。我问他，如果没有中签，并转学到 KIPP，他觉得自己会是什么样子。他说："如果没有 KIPP，我肯定正在街上到处溜达找工作。"从 9 岁时的随波逐流到成功的耶鲁大学生，完成这一转变的根本是什么呢？他说："学习掌握自控力，以诚相待，善待队友，彬彬有礼，不满足于已有的成绩，关心事物的本质，这就是让我在 KIPP 和生活中取得成功的原因。"

有时人们会问我："未来难道不是设定好的吗？不是在儿童时期就已经可以预见吗？棉花糖实验告诉我们的不就是这一观点吗？"乔治的人生就是我对这个问题的答案。他一定具备很多先天的潜力和优势，但是正如他所强调的，如果没有 KIPP 的拯救，他的人生绝对不会如此。不管他的基因是什么条件，他都绝对不会走进耶鲁。KIPP 赋予他的经历、支持、知识、资源和机会让他的人生从随波逐流走向功成名就。

如果乔治不是从 9 岁开始就一直努力学习，他也不会从 KIPP 项目中如此受益。**带来成功的原因，不仅仅是乔治的努力，也不仅仅是 KIPP 提供的辅导、模式、资源和机会，而是先天与后天的共同作用，不局限于停留在彼此的对立面，打破界限，相互影响。**不过另外一件事情更让人警醒：首先需要中签，乔治才能有机会。

乔治在 5 岁来到南布朗克斯时，他面对的是一个全新的国家和一种全新的语言。可能他当时已经做好了准备，给自己的人生指明了"我相信我可以"的方向。他就读的第一所公立学校本应该帮助他发现自己的天赋并进行培养和教育，但是这所学校把他塞进了一个混乱的"丛林"，这是乔治的说法。幸运的是，他把自己的迷惑和漂泊感归因于学校与环境，而不是自己。即便这种混乱持续了 4 年，他也认为"我不是坏学生"。他承认自己脾气不好、行为鲁莽，但是似乎并没有质疑自己的学习能力。

执行功能：掌控能力

乔治·拉米雷斯并没有在 4 岁时参加棉花糖实验，但是他从南布朗克斯到耶鲁的经历向我们展示了他所具备的认知能力，而这就是我们的实验所要发现的。他的冷静系统功能良好，当遇到诱惑时，他能够控制自己冲动的想法和迫切的反应。**他之所以能够做到这些，是因为使用了冷静系统中对实施自控力至关重要的一个部件——执行功能**[3]（executive function）。这一认知技能让我们对自己的想法、冲动、行动和情感实施有的放矢、深思熟虑的控制。执行功能赋予了我们克制冲动、给冲动降温的自由，并能灵活地调动注意力，帮助我们追求和实现目标。这一套技能和神经机制是构建成功人生的必要条件。

学龄前儿童在等待棉花糖和饼干时，向我们展示了执行功能是什么、如何工作，让我们看到了怎么做才能克制自己不去按铃或吃掉奖品。比如可以想想伊内兹那个小姑娘，她看了一眼饼干提醒自己目标是什么，然后就快速地转移了自己的注意力，从而降低了奖品的诱惑力。她开始发明小游戏自娱自乐，把铃铛当作玩具玩，但又十分小心地不把它弄响；用手捂住嘴巴不让自己出声，好像是在对自己说"不，不可以"；满脸笑容庆祝自己的表演，就这样一直坚持到实现自己的目标。

每一个在棉花糖实验中等待成功的儿童都有一套独特的自控方法，但是他们的执行功能有三个共同的特点[4]：第一，他们必须在头脑中时刻记着他们所选的目标和结果（"如果我现在吃掉一个，我一会儿就不能得到两个了"）；第二，在等待过程中，意念要指向目标，但方法要降低目标的诱惑力，他们必须对这一过程实施监督并进行必要的修正，灵活地转移注意力和认知方式；第三，他们必须抑制自己的冲动反应，比如思考诱惑物的吸引力，伸手触碰诱惑物，这些冲动反应会阻碍他们实现目标。现在认知科学家们可以通过功能性磁共振成像在大脑中看到这三个过程的展开方式。[5] 当人们正在试图抵制诱惑时，前额皮质会显示出控制注意力的网络，正是这一功能成就了人类的丰功伟绩。

执行功能可以带来规划能力[6]、问题解决能力和心理灵活性，是语言逻辑和学业成功的必要条件。执行功能发展良好的儿童在追求自己目标的过程中，有能力抑制冲动反应，在心中牢记指令，控制自己的注意力。相比于执行功能较弱的儿童，这些儿童无疑会在学龄前的数学、语言和读写方面取得更好的成绩。[7]

随着执行功能的发展，产生这些技能的大脑分区也得到了开发，大部分位于前额皮质区。正如迈克尔·波斯纳和玛丽·罗斯巴特在2006 年所指出的，执行功能所涉及的脑回路与较为原始的脑部结构是相互关联的。[8] 这里所说的原始脑部结构负责掌控冲动系统，可以锻炼儿童对压力和威胁做出反应的能力。这种紧密的神经关联说明，长期面对威胁和压力会破坏执行功能的发展。如果冲动系统占据了主导，冷静系统就会遭殃，儿童也会成为受害者。但是反过来说，发展良好的执行功能有助于调节负面情绪、减少压力。

如果执行功能严重受损，我们的前景就不容乐观；如果失去执行功能，就无法适当地控制情绪，消除冲动反应的干扰。儿童需要执行功能去抵制的诱惑不仅包括棉花糖，还包括如下类似的情况，比如当其他小朋友不小心把果汁洒在他的鞋上时，他能够阻止自己打人。缺乏执行功能的儿童很难听从指令，容易与小伙伴或者成人发生攻击性冲突，在学校随时可能挨罚。[9] 即使有些儿童马上就要采取攻击性行动了，如果他们能够转移注意力，让自己冷静一些（见第 15 章），他们的攻击性也不会太激烈。这些技能不仅可以帮助儿童延迟满足，还可以帮助他们控制愤怒和负面冲动。[10]

学龄前儿童在面对棉花糖实验、妈妈离开房间等"冲动"型任务时需要执行功能，但看似"冷静"的任务也同样需要它。比如在学校学算数这样的"冷静"型任务，因为害怕失败和担心成绩而激活冲动系统、削弱冷静系统时，它就很容易变成"冲动"型任务，导致压力升高，并阻碍学习。同时，有些任务对某些人而言是"冲动"型的，对其他人而言可能是"冷静"型的。同样一个人，在面对某个挑战时具有良好的执行功能，但面对其他挑战时可能会很艰难。比如，某些儿童在教学环境中非常优秀，但是当人际交往问题触发他们的冲动系统时，就会变得脾气暴躁。另外一些人则情况相反：他们在人际交往中非常冷静，但处于学校环境中时，由于需要高度的专注和努力，他们的压力就会增大，并失去认知控制。[11]

在学龄前已经具备良好的执行功能的儿童，已经做好准备去面对由冲动系统引发的压力和冲突，这些技能会帮助他们学习阅读、写作和数学。相反，如果执行功能在学龄前没有得到较好的发展，儿童患注意缺陷多动障碍的风险较大，未来在学校遇到学习和情绪问题的风险也会增加。这种执行功能发展较差的情况是比较常见的。

执行功能、想象力、同理心

由于执行功能需要我们对思想和感受开展认知控制，我们很容易把它想成想象力和创造力的对立面。实际上，它是开发想象力和开展创造性活动的必要因素，比如幼儿时期的假扮游戏。执行功能让我们可以超越此时此地的环境，"跳出盒子"去思考和幻想，或者是开展不切实际的想象。为了实现想象力，执行功能必须增强自我控制的灵活性和适应性。[12] 同样，执行功能与理解他人的能力紧密相关，有助于开发儿童的"心智理论"[13]，在交往中推测他人的意图与反应。执行功能让我们理解和考虑他人的感受、动机和行为，意识到他人的感知和反应可能与我们截然不同。它还可以帮助我们把握别人可能在想什么、想要怎么做，让我们对他人的经历感同身受。

我们的心智理论可能与贾科莫·里佐拉蒂在猴子身上发现的"镜像神经元"相关。虽然我们跟猴子一样具有这种神经元，但我们比猴子更具同理心，这一差异是让我们被称为人类的重要原因。虽然对人类镜像神经元所承担的角色还存在争议，但它应该是属于神经结构的一部分，让我们对他人思想和感受的一个微缩版本进行体验。头脑中的这些镜像让我们在看到他人友善微笑时也报以微笑，让我们在他人受到惊吓时也感到害怕，在他人感到痛苦或欢乐时也感同身受。正如里佐拉蒂的形容，这些镜像让我们"抓住他人的心理，并且是通过直接的模仿，而不是概念性的推理，是通过感觉而不是思考"。[14] 对于我们这些生活在同一社会中互相依赖的社会性动物而言，这是基本的功能和生存条件。

令人羡慕的信念

如果执行功能在幼年得到了良好的发展，孩子们就有希望书写他们自己想要的人生。他们具有坚实的基础去构建相互依存的自我信念，**这是对未来的乐观期待和可以控制或主宰自我的信念——"我相信我可以"**。构建这样的自我信念，是我们对所有爱的人的最大心愿。必须要理解的是，这些令人羡慕的资源是个体对于自我的信念，并不依靠那些考察成就和技能的外界评价或客观测试。正如压力的负面影响取决于个体对于压力的感知 [15]，诱惑的影响取决于它被如何评价和进行心理呈现，我们的能力、成就和前途是否有益于身心健康取决于我们如何理解和评价它们。想想你是否也认识这样的人，虽然很有竞争力，但却因为消极的自我评价和可怕的自我怀疑而毁掉了自己。自我信念与竞争力和熟练度等客观标准有关，但绝不完全吻合。

自我信念对于个体成功地开展心理和生理活动都具有重要意义，关于这一点的有力证据日益增加。谢利·泰勒是健康心理学创始人、加利福尼亚大学洛杉矶分校教授，她和团队的研究表明掌控感和乐观期待可以对压力的有害影响起到缓冲作用，带来很多与神经生理学和心理学相关的有益健康的结果。正如泰勒和同事们于 2011 年在《美国科学院院报》上的报告所介绍的[16]：每一个信念都有一个重要的基因成分，但也同时受到环境条件的影响和修正。鉴于这些信念对于生命质量和长度的重要性，接下来我会展开仔细的研究。

掌控感：感知到的控制

"掌控"是一种信念，你可以作为积极的主体决定自己的行为[17]，你可以改变、成长、学习、征服新的挑战。它就是乔治·拉米雷斯所说从 KIPP 学会的，并扭转人生的"我相信我可以"的信念。我第一次认识到它的重要性是在俄亥俄州立大学攻读临床心理学博士学位时，当时我的导师乔治·A.凯丽正在辅导一个严重抑郁的年轻姑娘特丽萨。她越来越感到沮丧和焦虑，觉得自己的生活无法继续了。她的焦虑在第三个疗程达到顶峰，她大哭着说她无法控制自己，请求凯丽博士回答她的问题："我是不是崩溃了？"

凯丽慢慢摘下眼镜，把自己的脸贴近她的脸，看着她的眼睛问："你想崩溃吗？"

特丽萨呆住了，看上去释怀了很多，就好像一个沉重的负担从她的肩膀上卸掉了。有能力改变自己感受的事情从来没有在她身上发生过。"崩溃"突然变成一个选项，而不是命中注定的事情。她不必被动成为生活的牺牲品，也不必见证自己的人生解体。这是属于她自己的"蓦然回首"。开启对可能性的探索，更具有建设性地思考自己，打开行动的边界，这些都是她从未想过的，因为她一度认为这些都是不可能的。

卡罗尔·德韦克曾是我在哥伦比亚大学多年的同事（她目前在斯坦福大学执教），是现代心理学领域关于感知控制和掌控信念方面最有说服力的发声者之一。她的主要研究工作呈现于 2006 年出版的专著《终身成长》，其中阐述了个人发展理论[18]：人们对于控制、改变和学习的掌握程度，以及如何改进他们的行为和体验，如何塑造自己，决定了他们最终取得怎样的成就、成为怎样的人。德韦克和同事们对这种个人发展理论进行了解释：个体的性格是固化的，还是有延展性的，对于自控力、意志力、智商、心理状态和个性等方面都具有重大影响。这些理论改变了我们的自我评价和自我判断，改变了我们对他人的判断，也改变了社会对我们做出的反应。

有些儿童在幼年时期就能认识到，他们的智商、社交能力、对环境的控制力，以及其他特点都不是固化的内核，不是天生具备的，也不是一成不变的，相反，这些特点是非常灵活的，就像我们的肌肉和认知技能一样是可以构建和发展的。德韦克把这样的儿童称为"成长理论家"。反之，"实体理论家"认为他们的能力是冻结的，从出生起就保持在一个水平，他们无法做出改变：聪明或愚蠢、好或坏、有力量或无助。乐观的是，德韦克的研究不仅显示了这两种意念的重要作用，还指明了意念是可以改变的，并展示了重新思考和修正意念的方法。

根据德韦克的研究，对自我能力秉持"实体理论"的儿童来说，当学校功课越来越具挑战性时，他们会感到非常吃力。在美国，这一现象在小学到初中的转变过程中非常明显，因为很多中学开始用分数排名取代小学的安慰鼓励。学生在学校的体验从轻松好玩变成严格要求，同时还要面对大量有难度的作业和有竞争力的同学。德韦克发现，在新学校环境中的高压和失败威胁之下，那些固化看待自己能力的儿童——实体理论家，很快就会在初中前两年成绩下滑，失去进取心。相反，具备"成长信念"的学生在这两年的时间内成绩会越来越好。这两类学生在初中以前的成绩可能没有显著差异，但初中毕业时，他们之间会有明显的断层。

持固化信念的学生在面对新学校提出的严格要求时，会通过贬低自己能力的方式突出困难："我数学很烂""我太笨了"，或者埋怨老师："老师太烂了。"[19]而具有成长信念的学生虽然有时也会觉得新标准让人透不过气来，但是他们会展开钻研，找到能够掌控新环境的办法，并加以实施。

针对学龄前儿童，经典的儿童故事《小火车头做到了》就可以为他们展示"我相信我可以"的信念。[20]一辆火车满载玩具和零食，准备去送给小朋友们，在它准备翻越最后一座陡峭的高山时被卡住了。一台全新的客运列车头、一台大个儿的货运列车头和一台老破列车头经过时都拒绝帮忙。最后来了一台小小的蓝色火车头，它一直在使劲儿，嘴里念着它的"成长信念"理论——"我相信我可以！我相信我可以！我相信我可以……"，它后来终于成功了，礼物被成功运到在大山那边等待的孩子们身边。

1974 年，我和学生在斯坦福大学开发了一个量表，评估学龄前儿童怎样看待自己行为产生的原因：他们认为发生的好事情是归功于自己，还是归功于外部因素？这种归因的差异是否与他们的自控和发展相关呢？"控制行为的是外部因素，还是内部因素"[21]，为了衡量他们在这一尺度中的定位，我们会提出以下这样的问题：

你画完一幅画后，始终没有把蜡笔弄断，是因为你很小心吗？还是因为蜡笔质量很好呢？

如果有人送给你礼物，是因为你是个好孩子吗？还是因为他们喜欢给别人送礼物呢？

我们另外对他们的自控行为进行了评估，这样我们就可以研究孩子们对于上述问题的回答与他们的行为之间具有怎样的关系。这些研究至少可以得到以下结论：即使是学龄前儿童，只要他们认为结果是由自己的行为决定的，这种信念也会显著关联到他们的努力程度、坚持时间、能否成功自控等方面。他们越是把自己视为积极结果的原因，在棉花糖实验中推迟满足的成功率越高，越有可能控制自己的冲动，越有希望通过坚持努力换来自己想要的结果。他们相信自己能做到，他们也能够做到。

儿童所具备的"我行"的自我认知，即"我可以通过坚持和努力成为积极结果的主体"，是由帮助他们成功的自控力技能所滋养的。[23] 在斯坦福大学惊喜屋的学龄前儿童身上，我们可以从他们的自豪中看到这种自我认知，他们成功地拿到更大的奖品后，不是马上吃掉，而是放进包里带回家，迫不及待地把获得的奖励展示给父母。儿童在小时候为了得到更大的奖励而做出的等待和努力越有效，成功必需的认知技能和情绪控制技能就越出色，那种"是的，我行"的感觉就越清晰，这些让他们做好准备去迎接更大的新挑战。最终，他们所积累的掌控全局的体验和学到的新技能——学习小提琴，搭建乐高王国，发明计算机应用程序——都成为他们的内在报酬，他们做的这些事情本身就可以让他们感到满足。儿童的自我效能感和主体感会深植于他们的成功经验中，为他们带来基于现实的乐观期待和志向，每一次成功都增加了下一次成功的可能性。

乐观主义：对成功的期待

乐观是一种期待最好结果的心理倾向，心理学家将其定义为个体对未来抱有希望的程度。这是他们对确信会发生的事情（更像是信念，而不只是希望）的期望，而且这种期望与"我相信我可以"的信念紧密相连。乐观主义的积极后果令人惊艳，如果没有研究的支持甚至让人难以置信。比如，谢利·泰勒和同事的研究显示，乐观者可以更有效地应对压力[24]，免于遭到压力的危害，他们继而会采取更多的措施保护自己的健康和未来幸福，一般会比那些不太乐观的人更健康，更少感到压抑。心理学家查尔斯·卡弗和同事的研究显示，接受冠状动脉搭桥手术后[25]，乐观者可以比悲观者更快康复。乐观的益处数不胜数，简言之，乐观主义是祈祷自己被祝福，只要这种祈祷与现实是合理关联的。

为了理解乐观主义、它为什么会见效、它是怎样见效的，可以用它的对立面——悲观主义来思考。悲观主义是另外一种倾向：关注负面情况，认为会发生最坏的事情，做出最悲观的预测。如果让一个抑郁的悲观主义者在一个短语"我特别讨厌"[26]后面的空格里填上他头脑中出现的第一想法，他很可能会填上"我""我的样子""我说话的方式"。极端的悲观主义者会感到无助、压抑、无法掌控他们的生活。他们把发生在自己身上的坏事归因于自己一成不变的负面品质，而看不到事情变糟的特定情况，无法在归因中减少对自己的抱怨。[27]如果考试不及格，他们会想"我能力太差了"，即使这门考试无关乎任何重要的事情。任何善意的解释，无论是对考试本身（题目歧义、选项模糊、时间紧张），还是对个人问题（严重胃疼），即使是真实的情况，也绝对不会出现在悲观主义者的脑中。

如果这种悲观的解释方式在一个人幼年时期非常极端[28]，那么对他未来的发展是极其不利的，可能会导致严重抑郁症。宾夕法尼亚大学的克里斯托弗·彼得森和马丁·塞利格曼邀请 25 岁的身体健康的大学毕业生描述他们曾经历的一些困难，然后研究他们对这些困难的解释。悲观主义者认为事情永远不会出现转机（"在我这儿，事情永远没完没了"），他们会超越具体事件的具体情况、对生活中不利的方面泛泛地做出悲观的结论，认为所有的事情都是命运安排。在随后 20 年内的健康检查和疾病监测中，所有被试者在健康方面都没有显著差异，但是到了 45~60 岁，那些在 25 岁时比较悲观的人生病的可能性更大。研究人员还分析了 20 世纪前半段时间内报纸上对篮球名人堂球星的采访文章，采访中球星们解释了他们是如何赢得或输掉比赛的。能够进入名人堂的球星已经足够出色 [29]，但是有些人会把比赛失败归因于他们的个人失败，而把比赛胜利归因于当时的外部原因（比如，比赛当天风向有利），这些球星的寿命要短于另外那些认为比赛因自己而胜利的人。

塞利格曼主导了很多关于乐观解释风格与悲观解释风格的对比研究，他提出，乐观主义者与悲观主义者的区别在于他们对于自己的成功或失败的感知和解释。当乐观主义者失败时，他们相信：如果恰当地改变自己的行为或外部条件，下一次就可以成功。他们通过求职失败、投资不利、考试差劲等经历 [29]，从中找到方法去提高下次尝试的成功率。他们可以制订其他计划、寻找其他方法去实现他们的重要目标，或是寻求必要的建议直到找到更好的策略。与乐观主义者面对失败时的建设性方法所不同的是 [30]，悲观主义者使用同样的经验去确认他们自己的悲观预期，相信都是自己的错误，他们避免过多思考，认定他们做不了什么。塞利格曼说："大学入学考试用来测试天赋，而对这个考试的解释方式可以预测谁会放弃。[31] 适当的天赋加上面对挫折时保持前行的能力，才能走向成功……我们要判断一个人，就要看他是否越挫越勇。"

这一点同样适用于在棉花糖实验中坚持等待的学龄前儿童。他们等待的时长不仅可以测量他们的延迟能力，还能够告诉我们他们有多少毅力，还有多少耐力去面对逐步升级的煎熬和所需要的努力。**由于乐观主义者对于成功的总体预期较高，因此即使在非常艰难的情况下，他们也更愿意推迟满足。** 比如这些儿童，除非他们坚定认为在实验人员返回时就可以成功得到棉花糖，除此之外没有任何原因让他们努力等待。有些儿童愿意做出一切努力去赢得想要的奖励，这样的儿童会选择等待，并为之努力；而那些不这样认为的儿童（或是不相信实验人员的儿童）会按响铃铛，拿走能马上得到的小奖励。

欧文·斯托布年轻时离开社会主义国家匈牙利，在 20 世纪 60 年代早期成为我在斯坦福大学的第一个研究生，也是我一生的好朋友。我们在斯坦福大学一起开展实验，研究人们对于成功的期待如何影响延迟满足所需的自控力和意愿。在这次实验中，获得较大的延迟奖励需要成功地完成一些认知型任务，而不再是等待那么简单。对于 14 岁的 8 年级男生，有些人即使不知道需要完成什么任务，也渴望成功，他们一般都会选择去完成这些认知型任务。虽然需要付出的代价不再是放弃当下的小奖品这么简单，但他们中选择完成任务的比例是持有低水平成功期望的人的两倍。对于成功抱有较高期望的男生在面对任务时更加自信，就好像他们以前曾成功完成过这些任务。他们渴望"拿下它"，他们之所以愿意承担失败的风险，是因为他们不相信自己会失败。他们的期望远非幻想那么简单，而是建立在成功的历史经验之上。他们的成功经验滋养了乐观期望，乐观期望又在未来鼓励了可以增加成功率的行为和信念。这一过程使得乐观主义者不断成为"笑到最后的人"。

研究同时发现，总体期望值较低的男生在一开始完成任务时就好像他们曾经失败过，但是如果他们确实成功了，就会表现得非常积极，这种新出现的成功体验显著提高了他们对于未来成功的期望。我们对成功和失败所持的总体期望从根本上决定了我们在对待新任务时所持的态度，但是我们在看到自己确实成功后，所持的具体期望是会随之改变的。我们可以确信地得到以下结论：**乐观主义者一般都要比悲观主义者结局更好，但悲观主义者看到自己成功后会提升他们的期望。**

良性循环与恶性循环

总之，儿童在幼年时取得的成功和掌控的体验会增加他们在各方面的意愿和能力：坚持追求目标，形成对于成功的乐观期望，应对成长过程中无法避免的挫折、失败和诱惑。

从幼儿园等待两颗棉花糖的时长展开，到后来生命中出现了更多的积极结果，在这部故事中，他们不断发展的控制感、掌控感、乐观期望是其中的关键节点，也是主导因素。在构建与他人的关系时，他们有能力抑制有害的冲动反应，这种能力有助于他们与所有尊重和珍视他们的人之间形成相互支持、关爱的友谊。

本章描述了成长的良性循环，我们希望孩子们拥有并加强这种能力。与此形成对比的是，持续缺乏基本的自控技能、经常感到失控、对自己的能力持悲观态度、难以维持自我价值感的孩子要面对成长的恶性循环。如果缺乏足够的自控技能、乐观期待、成功经验、他人的支持和帮助，孩子们可能会更多地受到冲动系统的控制，有可能在一开始尝试锻炼掌控力时就失败。当没有太多选择时，他们更容易形成无助的感受和信念，而不是充满希望。

第 9 章

为未来的自己早做打算

《伊索寓言》里的蚂蚁本能地知道要为未来做准备，夏天时它们会把冬天需要的食物拖回去。但是我们没有蚂蚁的直觉，我们的大脑还没有进化到可以准确应对遥远的未来。我们很容易对当下可怕的事情感到担忧，但是很少会使用生动的、有冲击力的语言对未来进行图像化的呈现。"玫瑰色"眼镜和"感觉良好"的心理免疫系统保护我们大多数人免于陷入这样的焦虑，让我们避免关注可怕的情境，比如癌症、贫穷、孤独终老、疾病缠身。当这样的焦虑过于真实时，我们大多数人都会及时地自我转移。

我们通过这种方法避免了焦虑，焦虑不仅曾经被弗洛伊德在他的病人身上发现过，还被画家爱德华·蒙克在他的画作《呐喊》中描绘过。这幅画作就是在讽刺现代社会的焦虑。在一种不祥的氛围背景前，一个十分惊恐的人在桥上颤抖，他的双手捂着耳朵，极度震惊的脸，且瞪着眼睛盯着我们。我们的防御系统会保护我们不过多停留在这样的图像上，但是也让我们不太可能做出蚂蚁那样有远见的行为，而更可能成为自我沉醉的蚱蜢。因此，人们一直在尝试各种有风险的事情，比如吃太多、烟瘾太大、酗酒严重，忽略了远期的后果，因为后果太遥远、不确定、很容易被打折。大多数美国人在退休时完全没有充足的退休金维持他们已经习惯的生活方式。那么问题来了：我们怎样才能自然地想到未来的自我呢？未来的自我是怎样呈现在大脑中的呢？

多重自我

莎士比亚的《人生的七个阶段》刻画了人在一生中经历的多重自我：

全世界是一个舞台[1]，

所有的男男女女不过是一些演员，

他们有下场的时候，也有上场的时候。

一个人的一身中扮演着好几个角色，

他的表演分为七幕。

莎士比亚从婴儿开始——"在保姆的怀中啼哭"，然后描绘了我们的青年和中年时期，最后到老年：

第六个时期变成精瘦的趿着拖鞋的龙钟老叟，

鼻子上架着眼镜，腰边悬着钱袋，

他那年轻时节省下来的长袜子，

套在他皱瘪的小腿上显得宽大异常，他那朗朗的男子的口音，

又变成了孩子似的尖叫，

像是吹着风笛和哨子，

终结这段古怪的多事的历史的最后一场，

是孩提时代的再现，全然的遗忘，

没有牙齿，没有眼睛，没有口味，没有一切。

　　人体随着年龄的增长会发生根本的变化，但是我们体验到的自我也会随之变化吗？如果在想象中来一次时间旅行，未来的你会是什么样呢？[2] 请看下图中所示的"现在之我"的圆形与"未来之我"的圆形组合，从没有重叠到几乎完全重叠，其中哪一对更符合现在的你和十年后的你之间的联系呢？

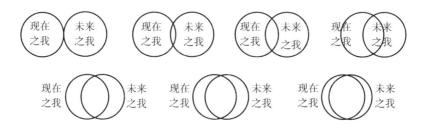

　　现在请想象你已经同意接受功能性磁共振成像对你的大脑活动进

行监测。你的头部已经处于仪器的里面，你已经适应核磁共振仪里面的狭小空间，麦克风里传来了指令："请想想现在的你。"当你思考现在的自己时，大脑皮质的中前部会显示出明显的脑部活动图像，我们称之为自我模式。接下来，指令会要求你想象一个陌生人，大脑皮质的相同区域就会显示另外一幅完全不同的关于陌生人的活动图像。[3]最后，你会接到指令："请想象现在起十年之后的自己。"

哈尔·赫什菲尔德现就职于纽约大学[4]，2009年与斯坦福大学的合作者一起开展了这项研究。他们发现，在我们想象"未来之我"时，不同的人感受不同、大脑活动也不同，这取决于我们对现在的自我感知和身份认同与"未来之我"之间的联系是否紧密。对于很多人而言，大脑中对"未来之我"的呈现模式更像是对于陌生人的呈现，不太像"现在之我"的呈现。但其中也存在个体差异，有些人与"未来之我"有较多的情感联系、比较相似，而有些人的"老年自我"更像是其他人。

你会选择哪种重叠方式的圆形组合呢？**如果你在"现在之我"和"未来之我"之间看到了很多的延续性，你可能会比较看重延迟的满足，而不太看重当下的满足**，相比那些把"未来之我"当作陌生人去想象的人而言，你更有耐心。正如研究人员所指出的，如果我们认为"未来之我"有很多延续性，我们可能会愿意为了"未来之我"的利益而更多地牺牲现在的快乐。

哈尔·赫什菲尔德的研究小组还研究了居住在旧金山湾区的中年人（平均年龄54岁）的金融决策。[5]在"现在之我"与"未来之我"

之间，选择重叠区域较多的圆形组合的参与者更加偏好延迟的较大收益，而不太看重当下的较小收益，并且他们也有更多的财富积累（所有资源的净资本）。看到赫什菲尔德的研究报告后，我提醒自己再去检查一遍自己的退休计划。

现在拿钱，还是存入 401（k）留给未来？

亚当和夏娃如果在面对诱惑时尽全力让自己冷静，也许能够在他们的花园里多停留一段时光。他们如果想要为可能发生之事做些准备，就必须要把他们自己生动地想象在这些事情之中，但他们做不到。惊喜屋里的小孩子们必须冷静下来，克制自己不去拿那一块棉花糖，几十年后选择自己的 401（k）时，他们必须想象一下老年的自己，而且不能抽象地想象，必须想得具体，才能从感官上身临其境地加强那种感受。虽然他们还非常年轻，但他们必须要在未来的自我上多停留一会儿，时长至少要足够看完 401（k）退休计划表里的所有选项。

正如学龄前儿童等待两块棉花糖的意愿和能力取决于他们如何对奖品进行心理呈现，年轻人与"未来之我"建立联系的能力也取决于他们对那个遥远的自己如何进行心理呈现。为了探究这一点，赫什菲尔德和同事展开了一项研究，他们请一组大学生做出金融决策，同时生动呈现他们退休时候的自我形象。[6]首先，研究人员请每一个参与者给出一张自己的照片，然后根据照片制作一个头像（或者是动画形象）。其中有些参与者的头像与本人年纪相仿；有些人的头像比本人看上去年老，代表大约 68 岁时的自己。参与者需要滑动数轴上的箭头，指出他们愿意将假想中薪酬的多少比例分配到 401（k）账户中。箭头滑向左边时，就提高了马上到手的薪酬比例；箭头滑向右边时，就增加了放入退休金的比例。

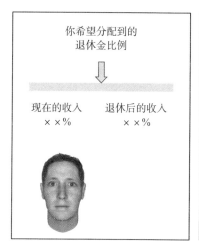
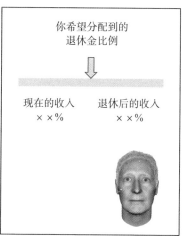

当箭头滑动到左边时，参与者看到的头像是"现在之我"；当箭头滑动到右边时，看到的头像是"未来之我"。如果我们请他们注意"未来之我"，会影响"现在之我"分享当下的收入吗？结果是，看到"未来之我"的人比看到"现在之我"的人愿意多储存 30% 到退休金中。

这项研究的指导思想是：你与"未来之我"的情感联系越多，你就越希望将他纳入你现在的自我概念和预算，愿意非常慷慨地将分配给"现在之我"的一部分分享给"未来之我"。赫什菲尔德和研究人员们还在继续探索他们的研究：离开假想的实验室条件，在真正的生活中，特别是针对401（k）退休计划[7]，如果增加人们对于为"未来之我"的认同，他们是否会显著提高对未来的储蓄呢？

为了"未来之我"变得道德？

你如果认为自己与"未来之我"紧密相关，就更有可能考虑现在的行为将如何影响未来的感受吗？不仅限于预算和退休计划。特别是有一些不道德的决定普遍存在于日常生活中，已经见怪不怪了，那么感觉到与"未来之我"联结紧密的人是否不太可能做出这样的决定呢？鉴于FBI（联邦调查局）公布的一项统计数据，这个问题的提出非常及时。FBI在1940年统计了白领阶层的犯罪率，这个数据到2009年增加了两倍，特别是2008年金融危机时期涌现了大量的金融丑闻，其中就包括伯纳德·麦道夫的庞氏骗局。赫什菲尔德和同事在2012年开展了5次在线调查，向18~72岁的男性和女性提出了上述问题。研究人员询问他们是否会纵容有利可图，但并不道德的商业决策，以及他们在商业活动中对于谎言和贿赂的接受程度。[8]比如，某人（一般是匿名）销售存在已知健康危害的食品的可能性有多大？对一项存在环境风险，但可以产生巨大红利的采矿业务，某人持赞同态度的可能性有多大？在5次调查中，认为与"未来之我"联结较少的人（他们所选的圆形组图中，"现在之我"与"未来之我"重叠较少）

更倾向于容忍这样不道德的商业决策。

　　研究人员请其中一些参与者思考一下未来的世界，请另外一些参与者思考一下他们的"未来之我"。**相比于简单地思考未来世界，把自己投射到未来会降低对不道德行为的容忍度**。感觉到与"未来之我"紧密联结的人会更多地思考他们的行为所产生的长期结果，正是这种对未来结果的关注让他们不愿意做出贪婪、自私的决策。在只看结果、无视道德的冲动系统面对下一个机具诱惑性的不道德事件前，我们最好思考一下上述研究结论。

第 10 章

抵制当下的诱惑

关于未来，我和同事曾经有过几次难忘的谈话，但不是在年度科研会议或研究报告中，而是在会后的晚间互相分享个人经历时。我们每个人都曾经接受过两三年后的讲座邀请，需要去一些陌生、有趣的城市。

一个同事讲了她的故事，2008 年她接受邀请于 2011 年到几千英里①外的异域小国做一次讲座。接到邀请时，她问自己："为什么要去那儿呢？"她想到了很多好的理由：机构里有几位她所在领域的受尊敬的研究者，这将是一次到陌生环境的全新体验（报纸的旅游版块称之为"遥远而美好"），她喜欢到一些不同寻常的地方旅游，2011 年的行程还是空白，组织者似乎非常希望她能去。

两年后，当旅行时间接近时，她的问题不再是为什么应该去那里，而变成她怎么才能到那里，也就是说，为了完成计划她必须做哪

① 1 英里 ≈1.6 千米。

些事情呢？她需要安排多次转机，并且要选择不熟悉的航空公司。她在认真了解后发现这些公司的安全记录非常不可信，航班延误或取消的历史由来已久。她还必须更新护照，接种疫苗，一系列没完没了的意外事件都需要她紧急处理。从愉快地接受邀请到三年后即将启程之时，我的同事对于这趟旅程的感受发生了巨大转变。她也对此感到吃惊，当未来变成当下，她希望能够取消行程。

心理距离

心理学家雅科夫·特罗普和尼拉·利伯曼认为，**当我们想象未来或思考过去时，我们其实是在穿越一维空间：心理距离**。[1]距离可以是时间（现在与未来，或是现在与过去）、空间（远或近）、社会（自我或陌生人）、确定性（确定或假想）。心理距离越大，信息处理就越抽象、越高级，更多地受到冷静的认知系统的控制。以我这个同事的行程为例，当未来还很遥远时，她对于这趟行程的思考是抽象的，头脑中并没有细节和背景。当时在她的冷静系统看来，一切都很合理、很有意义，所以她决定前往。随着心理距离的缩减，她的信息处理过程变得更加具体生动、细节化、情景化、情绪化，她对自己的决定越来越后悔。

从对未来的抽象思考到对现状的生动思考，这种信息处理水平的转变影响了我们的感受、计划、评价和决定。这就是为什么人们在做出参加未来活动的决定和承诺之后常常会感到后悔。[2]当未来变成现在，他们发现自己面对的是根本不想展开的行程、不想参加的活动、不想写的报告、不想拜访的家庭。好消息是，如果我们耐心等待，并且在活动结束后进行一些反思，我们又会感觉好起来。我们要感谢心理免疫系统的辛勤工作[3]，回头想想，我们常常会感到旅程是值得体验的、活动是值得参加的、报告也是值得撰写的、朋友的家庭也是值得拜访的，总体而言，这是一段加强关系的美好经历。

当这次行程从假想变成背起行囊奔赴机场的现实时，我的同事感到了后悔。如果她能够在接受邀请之前就假设行程即将开始，想象一下它会怎样展开，这样可能会让她避免感觉后悔。如果想要知道自己对未来某些事情（一项新工作、一次异域旅行）的感受，也许可以试着想象一下你眼下正在做这件事情。[4]通过尽可能生动地模拟所有细节，你基本上可以预演这些事件。每次当我的研究生幸运地得到了不止一个工作机会时，做出决定都会让他们备受煎熬。我就会建议他们尽可能具体地想象每一份工作带来的生活方式，每一个工作机会都要用一整天来想象，就好像它正在发生一样。

特罗普和同事们研究了心理距离是如何影响我们的，这项研究也可以解释下述现象：当我们面对当下的诱惑时，我们如果从空间上和时间上尽量远离它，或者用抽象和冷静的方式思考它，就可以轻松抵制诱惑。这种高水平的抽象思维活动可以激发冷静系统[5]，削弱冲动系统，可以降低对当下诱惑自动产生的偏好[6]，增加对未来结果的关注，加强开展自控力的意念，并有助于给欲望降温。回忆一下学龄前儿童的做法[7]：他们把奖品推到远处，扭过头避免看到奖品，或用抽象、冷静的方式看待奖品（把棉花糖想象成一张图片，在心里给它们加上相框），这样他们就可以控制自己，等待很长时间。但是如果他们关注棉花糖的口味，或是想象棉花糖融化在口中的诱人特征（美味、劲道、甜蜜），他们就很难推迟满足，并会按响铃铛。

通过增加心理距离控制欲望

香烟、酒精、毒品、高脂零食，对于被这些危险欲望击败的人而言，增加心理距离的方法可以让他们冷静下来吗？基于这一问题，哥伦比亚大学教授凯文·奥克斯纳的研究团队开展了一系列实验，我也参与了合作研究。[8]我们的研究计划是帮助人们控制已经形成多年的欲望。为了实现这一目标，我们邀请了6~18岁的儿童和青少年来完成一项任务，与此同时使用功能性磁共振成像对他们的脑部进行扫描，以便我们窥视他们的认知是如何管理欲望型冲动的。[9]我们分组开展测试，用屏幕放映美味的食物图片，让图片在他们面前快速闪过。在我们称之为"诱惑-近距离"测试组中，我们请他们想象食物近在咫尺，然后尽量关注食物的诱惑特征（比如口感和气味）。在"冷静-远距离"测试组中，为了激活他们的冷静系统，我们请他们想象食物离他们的距离很远，并尽量关注食物的平静、抽象的视觉特征（比如颜色、形状）。根据参与者自述，他们在"冷静-远距离"测试中没有在"诱惑-近距离"测试中感觉那么冲动。脑部扫描图像显示，在他们降低冲动时，也减少了大脑中产生食欲的区域的活动。

参与这项研究的儿童也参加了棉花糖实验，他们控制对美食的冲动的能力与他们在棉花糖实验中的延迟能力是相关的。无论是在"冷静-远距离"测试组，还是在"诱惑-近距离"测试组，在棉花糖实验中没能等到最后奖品的儿童都比那些能够长时间等待的儿童更加冲动。在这些孩子们尝试降低对食物的欲望时，我们对他们的脑部进行了扫描，"低延迟"儿童的前额皮质的活动较少，但与食欲冲动相关的区域活动较多。

海蒂·科伯也是奥克斯纳研究团队中的一员，她曾经主持过一项类似的研究，通过向老烟民展示香烟图片来引起他们的烟瘾。在每一组测试中，要求参与者在看到香烟时，头脑中要么关注其当下的短期效果——"现在"（比如，"这感觉太好了"），要么关注吸进去的远期后果——"后期"（比如，"我可能会得肺癌"）。当老烟民关注吸烟的远期后果时，他们的吸烟欲望显著降低。

总之，我们发现，**把时间维度从"现在"转移至"后期"，这种简单的认知策略可以帮助人们控制欲望**。你可以把这样的策略转化成我们在第 5 章中讨论的"如果-就"实施计划，吸烟的欲望会自动引发对延迟到来的负面结果的关注，让这个结果足够生动、足够有冲击力，把烟瘾遏制下去。[10]

战胜成瘾行为需要调动自控力

凯文·奥克斯纳的研究让我们想到，欲望控制机制似乎在现实生活中是具有应用前景的。但如果真是如此简单，那么世界上还会有那么多让人们一掷千金的欲望吗？在实验研究中，参与者都是自愿参加的，因此他们愿意配合指令去控制自己的想法，至少是在实验室环境中是这样的。但是在现实世界中，故事的发展当然要复杂得多——每一个曾经尝试戒烟的瘾君子都明白这一点。

有报道称卡尔·荣格曾经说过，人们会学习他们不擅长的东西。这一说法在我身上非常适用。在自控力方面，我并不是模范代表，甚至可以说和优秀相差甚远，但是我已经成功地戒掉了烟瘾。我在这里通过我的故事向大家证明，即使是明显不擅长自控力技能的人（或者是那些由于缺乏耐心而给学生和家人带来压力的人）也可以做到。

我在青少年时期就开始尝试吸烟，没过多久就上瘾了，成了老烟民。20世纪60年代美国卫生总监公布了一项有关吸烟风险的报告，我的冷静系统很快就意识到吸烟会导致严重的长期危害，但是我的冲动系统并不关心。冷静系统是理性的，但它同时与冲动系统紧密配合，以便服务于自我防御，巧妙地使我们所做的事情合理化。对我而言，这种紧密配合非常见效，它让我将吸烟看作学术生活的一部分，而不会将其看作危害生命的成瘾行为。对于我的教授身份，吸烟可以让我减少焦虑，更投入地备课，而且到处都有很多人也在吸烟。所以在我连续吸烟的时候，冷静系统在沉睡，而冲动系统在享乐（并咳嗽）。

一天早上我打开水龙头淋浴，突然发现嘴里还叼着烟卷。否认是不可能的了：我确实是瘾君子，我离不开烟草。那时候我一天抽三包烟，还会加上烟斗。我那天的意识也并没有产生相应的行为变化，相反，它增加了我的压力水平。我的冷静系统还在一直忙于其他的关切。

那天之后不久，有一天我穿过斯坦福大学医学院的大厅时，看到了一幅让我十分震惊的景象：从远处被推过来一个男士，他躺在急救床上，眼睛睁得很大，盯着天花板，两条胳膊向上伸着。他袒露的胸部和剃光的头部都用绿色信号笔标出了很多小点，护士说他患有转移性肺癌，正在接受化疗，绿色标记就是化疗的点位。这幅活生生的画面就是我吸烟成瘾的下场，在我脑中挥之不去。美国卫生总监的研究结论最终渗入了我的冲动系统[11]，并拉响了杏仁体的警报。

吸烟是我的长期欲望，我必须把它变成让我恶心的事情才能戒掉烟瘾。一旦感觉想要抽烟（开始时经常出现），就对着装满了陈腐的烟蒂和烟斗渣子的大罐子深深地吸一口气，罐子里面散发的浓烈的尼古丁气味令人作呕，教科书上称之为厌恶性对抗条件作用①。[12]我会在此基础上再刻意激活那个癌症病人留在我脑中的画面，从而使吸烟的"后期"结果变得生动、有冲击力、有触动性。也许发挥了同样重要作用的是，我和噬大拇指的三岁女儿做了一笔交易：她同意不噬大拇指，我就发誓不噬烟斗。我还同时跟同事、学生做了保证，发誓戒烟，并且不会向别人索要香烟。斗争确实持续了几个星期，但最终见

---

① 对抗条件作用（counter-conditioning）是指通过强化不相容的或对抗性的反应以削弱或消除不良行为习惯的过程。许多心理学家依据这一思想发展了一系列行为治疗方法，如系统脱敏法、厌恶疗法等。——译者注

效了。在户外咖啡店时，我发现冲动系统偶尔还会驱使我挨着吸烟者坐下，但是一般在几次呼吸之后，我就会换个座位。

把自己从视觉上转变为正在准备接受下一轮化疗的肺癌患者绝对不好玩，它会让你的杏仁体因为恐惧而发疯。如果你的冷静系统希望试试这种视觉化，倒是有用的。这种视觉化是战胜威胁生命的成瘾行为的第一步，**成瘾行为带来的致命后果虽然会在很久以后才会显现，但是战胜它需要当下就调动自控力，延迟满足**。这需要做出一系列一般情况下很难自然产生的行为：激活冲动系统对未来进行呈现，使未来的后果比当下的诱惑更具力量，再使用冷静系统从认知上重新评估当下的诱惑，使其中性化或是在冲动系统内反向化。一开始，这需要努力，一段时间之后就会变成自发行为。

从 DNA 中洞见未来

如果要在当下的决定中考虑到未来，就需要想象未来，并预测它给我们带来的感受。直到 20 世纪末，预测未来的想法只能通过看手相、塔罗牌、占星术、占卜者、预言家来实现。在西方历史上，预测未来可以追溯到古希腊神话中德尔菲神庙的神谕，直到现代的科幻小说和幸运饼干。时至今日，科学家对人类基因组的分裂与重组终于让我们能够窥探 DNA，这让乐观主义者兴奋，也让悲观主义者害怕。很有可能在不久的未来你就可以得到关于自己基因的优势和劣势的完整报告，费用不会高于一次结肠镜检查。这是癌症或其他疾病患者的福音，因为它可以针对你的 DNA 开展基因导向的个性化治疗，有望攻克以前的不治之症。在这种情况下，进行 DNA 测试是坚定的选择；但是对多数健康人而言，是否要做这个测试是一个艰难的决定。在这一决定过程中，冲动系统过度活跃，导致冷静系统很难做出合理的选择。

20 世纪 90 年代末，研究发现了 BRCA1 和 BRCA2 基因的变异及其带来的乳腺癌和卵巢癌风险，很多女性面临艰难的决定。选择进行这种变异测试是格外艰难的，因为它会带来难以预料的深刻心理影响。对于那些最有可能被这两个基因变异危害的人群而言，基因测试会告诉她们的是：她们是有可能在年轻时就患乳腺癌或卵巢癌，还是不太可能面对这些问题。当这样的测试可以面对公众开展的时候，很多女性都急于参加，特别是年轻的阿什肯纳兹犹太女性，因为她们的基因是最有可能发生变异的。对于大多数人而言，是否要探究未来，其间的矛盾是无法忍受的：你愿意通过测试发现是否有可能患癌吗？你希望知道同样的基因风险阴影会笼罩你的家庭和孩子吗？你愿意打开这扇通往医学未来的窗户吗？你一旦打开，就没有任何办法再把它关上，它会给你以及你关心的人带来一系列的情绪后果和现实后果，你必须与这些并存。这些后果就包括一个事实：这些信息会记入你的医疗记录，不确定可能会有什么影响，至少对于就业前景而言是这样的。

艾玛是一个生气勃勃的年轻研究生，对未来充满希望，求学过程非常愉快，与男朋友相爱，正在期待美好生活的到来。此时，她得知自己从母亲那里遗传了 BRCA1 的基因突变。她曾经认为能够得到信息总是有利的，因此她参加了测试。但是后来她发现测试结果让她备受煎熬、无比痛苦，打开通往自己的双螺旋（DNA 的结构）的窗户让她追悔莫及，她希望自己不曾了解现在脑中挥之不去的一切。当得知自己携带了变异基因时，她崩溃了：在此之前，她确实没有意识到自己完全不想知道这件事，也没有想到自己会被知道的一切摧毁。

无法预知自己对测试结果反应的一定不止艾玛一个人，能否在人们做出决定前向他们提供一些帮助呢？这样他们可以很好地预测到自己拿到基因检测结果时的感受。这需要提前"预演"这种感受，但不是使用我们一般采取的对未来信息的处理方式：冷静的、抽象的、理性的、平静的，而是使用我们对当下引发高度兴奋的事物的处理方式——情绪化的处理。

人们在穿上病号服，戴好身份手环，为第二天一早的手术做好准备时，很少有人会得到充分的知情权。直到手术前，才会有人拿着一个文件夹来到你的面前，文件上通篇都是很小的字体，用各种细节和各种医疗术语描述了很多风险。这份文件明确表示任何事情都有可能发生，你要签字表示：不会追究医院的责任，接受治疗是自己的选择，你知晓一切内容并完全同意。这些医疗措施都是必要的，病人确实没有太多其他选择，但是像基因检测这样可以选择的程序就是完全不同的情况了。

20 世纪 90 年代早期，我到费城的大通福克斯癌症中心去咨询心理学家苏珊娜·M. 米勒，希望开发一套方法去改进基因检测的知情同意程序[13]。苏珊娜和同事们当时正在帮助携带 BRCA1 和 BRCA2 变异基因的高风险人群，其中大多数人都急于通过基因检测了解自己患乳腺癌和卵巢癌的风险，但并没有意识到了解基因信息后可能会给自己带来什么影响。当时常规的基因咨询业务虽然考虑了人们的心理感受，但它告知人们的客观风险、备选方案、每种结果和选择所带来的不确定性等信息，只是一个标准化的理性探讨。

针对正在考虑通过基因检测了解自己患乳腺癌和卵巢癌风险的女性，我们开发了一种情景"预演"[14]的方法。我们希望超越抽象的方式，让这些女性通过生动、完整、现实的角色扮演去体验与基因顾问的谈话，希望她们通过这种方式预见自己对 DNA 信息的情绪反应。这些女性对不同的测试结果可能会有怎样的冲动性反应呢？我们想要给她们一个机会去预见并预演一个简要的版本。

我们提出的方案如下。如果有正在考虑基因检测的女性前来咨询，就请顾问与她开展非常真实的角色扮演，通过这种方式向她提供服务。顾问告诉她测试结果已经从实验室送来了，然后就把桌子上的文件夹打开，上面写着测试结果是准确的：她携带变异基因。有顾问在场的情况下，女性们会感受到安全与支持，因此她们可以表达自己的感受和想法，可能是震惊、不相信，也可能是高度的焦虑、绝望、否认、愤怒、对结果的质疑。当这些关切得到了充分表达和讨论之后，顾问就会帮助她们着手考虑自己的选择及其可能带来的后果。在 BRCA1 基因变异的情况下，可以选择预防性切除乳房；在 BRCA2 基因变异的情况下，可以选择预防性摘除卵巢。这种直白的预演还会延伸到关乎生命长度与质量的现实情况：保健、保险、就业、个人关系、分娩，以及其他相关的所有事情。

这种冲动型的角色扮演体验当然是痛苦的，但是它让参与者在情感上进行了预演，也为参与者提供了认知信息，这样才能在充分知情的情况下做出决定：是否要打开全新的基因潘多拉盒子呢？角色扮演也包括快乐的情景版本，即检测结果是否定的，顾问也会以同样的深度和细节与咨询者开展相关探讨。在吸收和思考了所有的预演体验之后，是否进行测试对于个体而言就是充分知情的选择了。

随着染色体分析和有效的分子科学的持续发展，如果未来能够实现个性化的诊断、预防和治疗，了解 DNA 的某项具体情况将成为很多人生活的一部分。当这些可能性得以实现后，要想对一系列预防措施做出明智的选择，并做出充分的知情同意，就需要冲动系统和冷静系统的共同作用，以及大脑和内心的同时指引。其中的挑战在于，在预演情绪体验的同时，还要冷静、积极地思考应该怎样做。

对于未来，你想知道什么，不想知道什么

我们对于面临的风险和危害想要了解多少呢？在这一点上不同的人之间存在天壤之别。想象你正在医生办公室等待一个常规检查，一位医疗研究者过来跟你打招呼，希望你能回答几个问题。他请你生动地想象这样一个场景：你正在一架飞机上，还有 30 分钟到达目的地，此时飞机突然俯冲下去，然后又突然平稳了。过了一会儿机长宣布，一切正常，但之后的飞行可能不太平稳。你并不相信一切正常。[15]

在飞机上，你会"仔细倾听发动机不寻常的噪声，并观察机组人

员的行为是否不同寻常"吗？还是会"把一部电影看完，即使你以前已经看过了"？很显然，这个问题其实是在问：你对正在面临的压力想要了解得多一点还是少一点呢？另外相似的情景是：你害怕牙医，但又必须治牙。在治疗过程中，你希望医生告诉你他正在做什么，还是宁愿自己在脑子里猜测呢？希望了解多一点的人被称为"监视者"[16]；不想了解，宁愿转移注意力或压抑自己的人被称为"迟钝者"。

曾有研究选择了正在准备接受阴道镜检查的女性作为研究对象。阴道镜检查是一项检查子宫内异常细胞（癌细胞）的常规诊断程序。研究过程中，对正在等待检查的女性发放"监视-迟钝"问卷调查，然后将参与者分为两组——"监视者"和"迟钝者"。在签署标准的同意书之前，每一组中，有一半人会充分了解检查程序的信息，另一半人只接收最低标准的信息量。女士们会在程序开始之前、之中和之后报告她们的感受，医生和观察者（对所有信息并不知情）会评估她们的心理与生理反应，包括脉搏、肌肉紧张感、握拳、对于疼痛和不适的表达。在检查过程中和恢复阶段，接收最少信息量的"迟钝者"和接收充分信息的"监视者"的紧张感和压力感最低。因此，如果女士们接收的信息量与自己的偏好相吻合，她们的检查就会进展顺利，压力体验也最少。

这些结论说明，医生应该充分了解自己的病人：他们对于自己面临的医疗选择，以及每一种选择可能导致的风险和收益想知道多少。在知情同意书上或者处方药盒子里面折叠起来的印有密密麻麻小字的注意事项里，都有详细的风险和副作用说明。面对这样的医疗问题，你可能希望考虑一下：什么时候应该知道，什么时候不应该知道这些呢？你什么时候想做"监视者"，什么时候想做"迟钝者"呢？

无论是面对医疗压力，还是社会压力，**一般来说，"监视者"都会在知情较多的情况下做得更好，而"迟钝者"在知情较少的情况下做得更好**。将信息量与个人风格进行匹配可以减少压力。但是我们知道，无论用什么方式测量个体差异，有些人会落到两个极端，而大多数人都在中间区域。同样，在掌握信息量这一问题上，对于大多数人来说存在一个普遍规律：如果你失去了对形势的掌控，并且导致你无法降低压力水平[17]，"监视"行为会明显增加你的焦虑和压力，而"迟钝"风格会让你更具有适应性和自我保护性。

回顾与展望

这真是一段漫长的旅程：在幼儿园里等待棉花糖，决定把多少月薪分配到退休计划中，抑制有害健康的欲望，面对不确定的远期后果做出充分知情的医疗决定。**一生中面临这些不同的决定时，存在一个共同的主题：挑战自控力**。为了抵制诱惑，我们必须给它降温，让它远离自己，把它变得抽象。为了考虑未来，我们又必须给它升温，把它变得迫在眉睫般生动。为了规划未来，我们需要预演一个未来的简要版本，想象可能出现的场景，就好像它们近在咫尺。这些做法让我们在充满热情的同时又能冷静思考，我们也因此得以预见选择的结果，并抱持最好的希望。

第 11 章

保护受伤的自我

如果想从伤心、抵制诱惑（香烟、缺乏保护措施的性爱、不道德的金融计划）这种令人痛苦的情绪中走出来，就需要给冲动系统降温，并启动冷静系统。这两种行为都有赖于两个机制——心理疏离和认知重评。[1]处方好开药难抓，我们这里用"玛利亚难题"来演示其中的难点。

玛利亚和萨姆的关系非常稳定，他们从读研究生到现在已经在一起 19 年了。玛利亚特别渴望有个孩子，差不多一开始谈恋爱就在想这件事情，但是萨姆认为"还没到时候"，所以他们一直在推迟这个计划。有一天早晨，在没有任何征兆的情况下，萨姆告诉玛利亚，他爱上了一个本科生并且准备离开她。玛利亚的心碎了，她用了好几个月来努力接受分手这件事，但脑子里却在不断重演他们在一起的最后一个周末。她无法留住萨姆，也无法释怀。

对于玛利亚的痛苦，西方文化和大多数心理疗法的观点都建议她诚实面对痛苦的感受，这样她才能最终有所领悟，迈出下一步。在对陷入情绪问题的患者开展临床治疗时，传统的心理治疗师都会要求他们尽快直面痛苦的经历和感受，因此会不停询问患者："我想知道你为什么会有那种感觉。"耶鲁大学的苏珊·诺伦-霍克西玛在 20 世纪90 年代早期开展了一项持续了 20 多年的研究，她的研究显示，询问"为什么"虽然会让某些人好起来，但是也会让很多人变得更糟糕。[2]这些人会翻来覆去地回想过去，每一次跟自己、朋友或是治疗师细数自己的经历都会让他们变得更加沮丧。这种方法不仅没有帮助他们"摆脱这段经历"，反而让他们无休止地纠结，不断激活情绪痛苦，点燃愤怒，揭开伤口。总之，对于很多人而言，询问"为什么"不仅无益，反而有害。

直面情绪的治疗方法往往事与愿违。这是为什么呢？在什么情况下会这样呢？什么情况下这种方法可以成功呢？这个问题是我的研究生伊桑·克罗斯提出来的。2001 年秋季他刚刚入学，一走进哥伦比亚大学的实验室就迫不及待地向我提出了这个问题，之后他一直在致力于回答这个问题。从进入哥伦比亚大学开始，一直到 2007 年毕业后进入密歇根大学做教授，他一直在开展这项研究。

伊桑和我第一次见面时，我们用了好几个小时展开头脑风暴，讨论怎样帮助像玛利亚这样的人减轻压力。我们想到了棉花糖实验，有些学龄前儿童会把奖品和铃铛尽可能地推到很远的位置，从而增加自己与奖品之间的距离，也因此关闭了冲动系统，让冷静系统开始发挥作用。成年人也能像这样克服自己的愤怒和沮丧吗？增加自己与棉花糖这样的外界刺激之间的距离很容易，但是如何制造自己与自己感受之间的距离呢？

做墙上的一只苍蝇

为了帮助正在努力摆脱痛苦感受的人开展"自我疏离"，我和伊桑讨论了各种方法。当时哥伦比亚大学实验室里的另外一个研究生厄兹莱姆·艾杜克（毕业后就到了加利福尼亚大学伯克利分校做教授），虽然他的毕业工作已经进入最后阶段，但出于对这个问题的兴趣而加入了我们。我们很快就开展了自我疏离的第一次实验。[3] 在这次实验研究中，我们在哥伦比亚大学招募了一些因为在重要的亲密关系中遭到了拒绝而无法摆脱愤怒和敌对情绪的学生，请他们从两种回忆方式中选择一种去回顾他们的感受。我们请其中一半的学生"用自己的视角呈现当时的经过，然后尝试理解你的感受"。这是一种"自我沉浸式"的情况，我们在审视自己的经历时通常都会使用这样的视角。这种情况下他们的回答大多数都是情绪化的，比如：

我特别震惊，男朋友说他认为我将下地狱，因此不能再跟我联系了。我哭着坐在宿舍走廊的地板上，想要向他证明我的宗教信仰跟他是一样的。

肾上腺素激增，恼羞成怒，背叛，愤怒，牺牲品，被伤害，被羞辱，被践踏，被侮辱，被抛弃，被轻视，被逼迫，高高在上，突破了我的底线，没法讲理。

对另一半学生，为了制造与自我之间的距离，我们请他们"以墙上的一只苍蝇的视角来呈现自己的经历，然后尝试理解那个'遥远的自我'的感受"。**从这种自我疏离的视角出发时，他们的反应就不再那么情绪化、那么自我了，而是变得更加抽象。**

> 我想了一下发生冲突之前的那些天和那几个月，当时我其实正在面临学术压力和情感波动，再加上那段时间我好像对所有事情都不满意，正是这些事情和挫折让我很容易被激怒，所以那天才会因为一个愚蠢的争论而发生了冲突。
> 我后来就可以比较清晰地审视那个争论了……最开始的时候我只是同情自己，后来就开始理解我朋友的感受了。我现在可以理解他的想法了——这听起来可能不合理。

这一结果太令人震惊了。当参与者从通常的"自我沉浸式"视角分析自己的感受时，他们会再次回忆具体的细节，就好像他们又重新经历了一次（比如，"他让我离远点""我眼看着她背叛我"），并会激活所有的负面情绪（"我太生气、太愤怒了，这简直是背叛"）。相比之下，如果他们把自己想象成墙上的一只苍蝇，以疏离的视角分析自己的感受和其中的原因，他们就会重新评估整个事件，而不是再次复述事情的经过，再次激活自己的压力。在这样的回顾方式下，大家会进行更多的思考，减少自己的情绪化，这样就可以重新思考和解释过去的痛苦经历，并最终释怀。因此，同样回答那个问题时（你为什么会那么想呢），"自我沉浸式"的参与者会激活伤痛，而"自我疏离"的参与者会以旁观者的身份做出更合理的解释。如果心理治疗师面对的是深度"自我沉浸式"的患者，那么在问他们"为什么"的问题之前，就需要考虑上述后果。应该帮助患者拉开他们与自我之间的距离，再去思考过去的经历，这样才不至于让冲动系统达到顶点，才能让冷静系统帮助他们重新思考。

远距离重评

在2010年的一次实验中[4]，伊桑和厄兹莱姆研究了一个新的被试样本之后发现：**当人们回忆痛苦经历的时候，那些主动自我疏离的人其实是在重新认识过去，而不仅仅是复述一遍而已。**他们在讲述之后会感觉轻松一些，压力也相应减小了。这种情况并不是短暂的效果，当他们在7周后返回实验室再次回忆相同的经历时，仍然保持了较好的状态。为了探究自我感受之外的情况，伊桑和厄兹莱姆开展了另外一项实验室研究，发现了自我疏离可以缓解痛苦回忆带来的最大的副作用：血压升高。[5]当人们回想痛苦的负面经历时，特别是那些引发强烈愤怒和背叛感的经历，他们的血压都会升高，而血压长期处于高位是非常危险的。伊桑和厄兹莱姆通过研究证明，自我疏离可以有效减轻这种有害作用。人们与自我拉开的距离越大，他们的血压恢复到健康的自身基准就越快。

在实验室环境之外的相对现实的情况下，自我疏离的方法有助于应对受伤的情感吗？自我疏离可以帮助人们应对日常人际关系中的冲突和问题吗？为了回答这些问题，伊桑和厄兹莱姆继续开展了为期21天的大规模日记研究。⁶研究过程中的每天晚上，参与者都会登录一个安全的网站，记录他们当天是否与同伴发生了争吵。如果发生了争吵，就请他们回顾内心深处的感受和看法，最后，请他们评价在回顾过程中的自我疏离程度（比如，采用了"墙上的一只苍蝇"的视角）。

总体而言，在经历了负面的人际关系之后，在回忆时自主采取自我疏离方法的人，也可以使用更有建设性的策略去处理冲突。相比之下，无法进行自我疏离的人则无法做到这一点。更有意思的是，对于自我疏离程度低的人而言，只要他们的同伴不用消极或敌对的方式对待他们，他们在冲突中一般都是顺从的一方；但是如果他们的同伴变得敌对，他们就会以牙还牙，双方的敌对情绪会立刻升级。"低自我疏离"的人加上"高度消极"的同伴就构成了冲突升级的公式，对于双方关系的发展非常有害。无论是在日记研究期间发生了冲突行为，并由被试者进行了自述，还是在实验室环境下同伴之间谈论他们的冲突，并由独立的评价者直接记录下来，冲突的发展一般都是遵循这一规律的。

认知行为治疗师们都日益深刻地认识到了一点：**自我疏离对于很多人和问题而言都是发生治疗变化的先决条件**。为了帮助患者从"自我沉浸式"的视角中跳脱出至少片刻，治疗师们必须引导患者意识到他们自己的信念和认知应该是对"现实"的构建，而不是对单向可见"事实"的披露。患者们将学会从自我感受和行为中退后一步远距离观察自己，这标志着他们开始探索不同的方式去思考自身和自身的经历，这样的思考更有建设性，引发的情感痛苦也较小。他们最终会发现自己可以换一种方式陈述和思考事件，而这样做可以抚平伤痛。比如有人把腿摔伤了，只要一走路，他就会发现这是一个无法改变的事实，但可以改变的是如何去想这件事：是不是因为你看到的都是现在做不了的事情，比如长跑和骑车，所以这次"可怕的事故"才会让你难受呢？但是对于那些你一直想做的事情来说，比如终于有了时间看你喜欢的那本书，是否就是意外的机会呢？

斯坦福大学的詹姆斯·格罗斯和哥伦比亚大学的凯文·奥克斯纳通过研究发现，此类重评策略可以帮助人们平复很多种负面情绪。当参与者使用冷静策略后会感觉轻松很多，研究人员从他们的自述中发现了其中的"冷静效果"，同时也得到了大脑成像研究的印证。这些研究表明，当以平复情绪影响为目标时，如果参与者对强烈的负面刺激进行重评[7]，冲动系统特别是杏仁体的活跃度就会降低，而前额皮质的活跃度会增加。

儿童的自我反思

这些年与这么多出色的学生和同事一起合作开展研究，其中的乐趣之一就是，大家在取得了激动人心的研究结果时都会互相联系，因此我们之间的合作也会加倍。宾夕法尼亚大学的年轻教授安吉拉·达克沃斯不是我的学生，我们的合作始于 2002 一次会议上的初次相识，当时我们各自带了一名学生参会。后来，伊桑和安吉拉（还有安吉拉的学生伊莱·冢山，我的学生厄兹莱姆）想看看在成人身上发现的自我疏离的效果是否同样会出现在儿童和青少年身上。这一研究群体是非常重要的，因为这个年龄段的儿童经常会使用社会性的孤立和排挤折磨同伴，被拒绝的人会感到伤心、压抑和愤怒，结果会经常导致悲剧的发生，令公众扼腕叹息。而小孩子们也无法从中学到有建设性的方法去应对这种被排挤的痛苦。

我们特别关心的是引起儿童愤怒的经历与感受，因为已有研究表明这些感受会产生破坏性的后果[8]，包括逐步升级的攻击行为、暴力以及抑郁症的苗头。在伊桑·克罗斯团队开展的这项研究中，他们请 5 年级的学生回忆一次让他们出离愤怒的交往经历。[9]孩子们根据指令"闭上眼睛，在想象中回到当时的时间和地点，分别使用两种视角观察当时的情景"。在自我沉浸的条件下，请他们"通过自己的视角在想象中重演一次当时的情况"。在自我疏离的条件下，请他们"退后几步走到一个点，你可以在一段距离以外观察整个事件，以及事件中的自己，整个过程中请关注那个遥远的自己。现在请观察，就好像当时的情景对那个遥远的你又发生了一次。在想象中重演事件的同时，观察那个遥远的自我"。

与我们在成年人中发现的情况一样，自我疏离可以让儿童减少复述和重演那些最初所感受的气愤，可以帮助他们使用降低愤怒、开展反思和尝试忘却的方法重新思考整个事件。孩子们对事件形成了一种更加客观的视角，减少了对他人的责备，并形成有助于他们走出愤怒的解释。这些研究发现来自一个丰富的儿童样本，剔除了性别、种族、社会经济地位等因素的影响。

疗伤

玛利亚感受到的"心碎"的痛苦只是一个比喻吗？还是确有生理事实的存在呢？这是伊桑·克罗斯和他的同事在 2011 的一项实验中提出的关于情绪调节的问题。他们请一些刚刚被迫分手的人看他们前任的照片，并回想前任的抛弃行为，同时对他们的大脑进行功能性磁共振成像扫描。接着再给他们切换到另外一种情况：用热流刺激手臂，制造身体痛苦。在经历身体痛苦时，次级躯体感觉皮质和后侧脑岛两个大脑区域被激活；看前任的照片，并回想前任的抛弃行为时，同样激活了这两个区域。当我们用有关身体痛苦的词语去描述被拒绝的感受时，并不只是一个假设，因为伤心等情绪痛苦确实会以物理方式伤害身体。[10]

针对情绪痛苦和身体痛苦在大脑中被体验与加工的重叠现象，研究者提出了很多问题。一个老生常谈的问题就是：当感到伤心、被拒绝、被排挤时，吃止痛药有用吗？听起来有点敷衍。社会痛苦研究者就此问题询问了一些人，虽然人们都用了幽默的方式回答，但他们的答案的确是"有用""吃两片阿司匹林，明早打给我"。当朋友半夜跟你诉说刚刚分手的痛苦时，这么说可能有点冷血，但确实有着坚实的科学基础。

加利福尼亚大学洛杉矶分校的娜奥米·艾森伯格和同事开展了为期三周的实验。[11] 在三周的时间内，志愿者对日常生活中由于遭遇社会拒绝而引发的痛苦进行监测。研究人员每日给志愿者提供非处方止痛药或者是安慰剂，而志愿者本人并不知道自己服用的是哪一种。服用止痛药的志愿者反映，从第 9 天开始到实验结束的第 21 天内，生活中受伤害的感受显著下降。服用安慰剂的志愿者没有感受到任何变化。另外还有一组志愿者，他们同样是在不知情的情况下服用止痛药或是安慰剂，在给他们制造社会排挤的同时对他们的脑部进行功能性磁共振成像扫描。实验过程是：让他们玩一款虚拟现实的运动类游戏 CYBERBALL，在游戏过程中，先给被试者传球 7 次，然后让他们看着另外两个志愿者相互传球 4 到 5 次，一次都不传给他，此时被试者相当于是遭遇了社会排挤。对于那些已经服用止痛药 3 周的被试者，脑部疼痛区域的神经活动明显相对较少。

如果非处方止痛药不能缓解玛利亚的心碎，并且她也不会使用那种需要心理技巧的"墙上的一只苍蝇"的观察视角，还有一种矫正方法。当遭到拒绝而感到痛苦时，可以想想那些与你有着持久的安全关系的人。正如看到拒绝你的人的照片可以激活心碎的痛苦，想想与你紧密联结的人，你爱的人也爱你，这样有助于摆脱玛利亚经历的那种无法摆脱的痛苦。这一方法对于在生活中拥有紧密联结的人来说是有效的 [12]，但是如果有人在生活中刻意避免与他人建立联结和亲密关系，那么这种方法就无法奏效了。

第 12 章

缓解痛苦的情绪

我们在棉花糖实验中意外发现儿童等待棉花糖的时长与他们之后的人生发展之间是具有关联的。但更让人印象深刻的发现是，我们如果拥有延迟满足的能力，并有效利用它，就可以避免受到性格缺陷的伤害——由性格导致的贪吃、易怒、容易感到受伤等——并建设性地与之共存。自控力为什么具有这样的积极作用，它又是如何发挥作用的呢？对这一问题的相关研究都关注到一个普遍存在于人群当中的性格缺陷——拒绝敏感（rejection sensitivity，RS），下面我将介绍已有的研究结论。

高拒绝敏感的不良后果

高拒绝敏感人群对于亲密关系中的拒绝极度焦虑，总是感觉自己会被抛弃，而且常常会借由自己的行为引发他们害怕出现的拒绝。**如果不加以控制[1]，高拒绝敏感的破坏作用可能会演变成自证预言。**我们假设一个名叫比尔的人，以他为例来演示严重的拒绝敏感是怎样破坏亲密关系的。比尔在浪漫关系中属于高拒绝敏感的类型，而且他的延迟和自控能力都较低。在经历三次婚姻失败后，他感到非常压抑和焦虑，想寻求心理治疗师的帮助。他在谈到最后一段婚姻时，非常生气地抱怨前妻"不忠诚"，他所谓的"证据"就是他们家里典型的早餐情境。据他所说，他希望两人能在每天早餐时聊聊天，但是他的妻子总是一副还没睡醒的样子，闭着眼打哈欠，从来不认真地听他说话，甚至转头看报纸标题，或是摆弄桌上的插花。他为此抱怨时，妻子也没有做出反应，他认为妻子这是心不在焉。有一次，他甚至"把炒鸡蛋扔到了她的脸上"。

像比尔这样高拒绝敏感的人很容易纠结于自己是否被真心地爱着，他们越琢磨，就越害怕自己会被抛弃，于是冲动系统引发了大量的愤怒和憎恨的情绪。为了应对自己的压抑，以及对伴侣产生的愤怒，他们就会公开、带有攻击性地表现得更加强势，且控制欲更强。对于自己向伴侣发起的攻击，他们会抱怨"是她逼我的"（比如"是她逼我朝她扔炒鸡蛋的"），他们用想象中的拒绝去印证自己害怕出现的被抛弃，然后再用自己的暴怒帮忙把一切变成事实。

这一典型发展模式的结果是显而易见的：相比于低拒绝敏感的人而言，高拒绝敏感年轻男女之间的关系维持不了太长时间。这是心理学教授杰拉尔丁·唐尼带领学生通过研究发现的。杰拉尔丁·唐尼是哥伦比亚大学心理学教授，从 20 世纪 90 年代起，她就是我的同事，一直在引领关于拒绝敏感的本质和后果的相关研究。她的研究表明，在中学里，高拒绝敏感的学生更容易被同学欺凌、更孤独。[2] 长此以往，本来就高度脆弱的人在持续经历较多的排挤后，最终将破坏他们的个人价值感和自尊，并很有可能导致抑郁。[3]

高拒绝敏感不仅会破坏长期关系，伤害他人，还会对这些敏感者本身造成生理伤害。 像比尔这样的人每次暴怒或压抑时，患上心脑血管疾病、哮喘、类风湿关节炎、各种癌症和抑郁症的风险就会增加。为什么呢？

已经有实验评估了免疫系统对社会拒绝产生的生理反应，并监测了大脑对于拒绝的反应。当我们感到被拒绝时，神经活动和敏感性会在背侧前扣带回皮质和前脑岛这两个区域增强[4]，这些区域会参与情绪调节，对回报形成期望，完成关键的自主神经功能（如血压和心率）。同时，当感到压力时，免疫系统会制造炎症性化学物质。在人类进化史中，身体遇到压力就会释放炎症性的细胞活素，这种蛋白质可以调节免疫系统，为愈合伤口做好准备。这对于人类的过去和现在而言都是一种适应性，因为这些蛋白质加速了伤口的愈合，所以对身体的恢复具有极大的短期价值。但是如果长时间引发这种机制，比如连续的恐惧、担心遭到拒绝、无法从严重的排挤中恢复，炎症水平的升级会导致严重疾病。为了愈合伤口而产生的短期炎症让我们的祖先得以生存下来，但是为了应对从早餐时间就开始的、持续 7×24 小时的冲动系统的过度反应而产生的长期炎症[5]绝对是一种导致疾病的发展模式。

延迟能力是如何保护我们的

杰拉尔丁进入哥伦比亚大学后，我们就一起带领学生们开始了一系列合作，研究自控力如何保护高拒绝敏感人群避免由自身的性格缺陷所导致的不幸后果。我们提出了一个基本的问题：延迟的能力可以避免高拒绝敏感带来的负面影响吗？如果控制注意力的技能可以让幼儿应对短暂分离的压力，可以帮助学龄前儿童等待棉花糖，那么也可以帮助高拒绝敏感的成年人让自己冷静下来吗？至少不会因为妻子关注报纸标题，而不关注自己就暴怒。测量"拒绝敏感"的尺度是人们对下述问题的担忧程度："我经常担心被别人抛弃""我经常担心我的伴侣并不爱我"。

我在斯坦福大学宾幼儿园对学龄前儿童开展的研究是纵向研究，后来厄兹莱姆·艾杜克（当时在跟随我和杰拉尔丁一起做研究）就负责了这些纵向研究中的一项，当时棉花糖实验的参与者已经到了27至32岁。厄兹莱姆负责的研究显示，有些人在学龄前的棉花糖实验中无法推迟满足，在成年后又属于高拒绝敏感的类型，这些人的自尊水平、自我价值感和合作能力都较低。[6]他们取得的学历水平较低，容易染上毒品，离婚率也较高。相比而言，**有些人在学龄前的棉花糖实验中有能力推迟满足，但拒绝敏感程度与其他年轻人相当，他们在遭到拒绝后感受到的持续焦虑则并不会演变成自证预言。**

2008年，厄兹莱姆带领相同的研究团队开展的另外一项相关研究显示，高拒绝敏感人群更容易形成边缘型人格障碍。患有这种障碍症的人会将很小的意见分歧进行放大，将其视为人身攻击，最终做出害人害己的破坏性反应。值得注意的是，高拒绝敏感，但同时高度自控的人并不会面对这样的后果，他们可以保持良好的人际关系。这一研究结论不仅存在于斯坦福幼儿园的后续研究中，也出现在另外两个新的样本中：一个是来自加州大学伯克利分校的大学生样本，另外一个是来自该地社区的成年人样本。总之，在生活中，高拒绝敏感，但拥有自控力技能的人与低拒绝敏感的人具有同样良好的适应力。[7] 当这些人在社会关系中遭遇压力或面临可能遭到拒绝的情况时，他们可以使用自控力技能将冲动的第一反应克制下去，阻止自己愤怒或做出攻击行为，这避免了对社会关系的损害。

学龄前儿童在棉花糖实验中的表现与他们后来的人生发展之间的联系变得逐渐清晰和广泛，我越来越多地问自己：离开斯坦福大学、哥伦比亚大学、加利福尼亚大学伯克利分校这种优越和特殊的环境后，这些研究结果还同样存在吗？为了验证这一点，我们需要一个从地理上和人口特征上都尽量远离斯坦福校园的学校。

从斯坦福到南布朗克斯

在开展这项研究时，我们遇到了前所未有的反差。在开展棉花糖实验的斯坦福校园里，被棕榈树包围的绿洲上阳光明媚，宾幼儿园里的儿童安静地等待着他们的棉花糖；而开展这项研究的地点是南布朗克斯公立初中，像所有的公立初中一样，这里有着苛刻的防御系统，排斥任何研究人员的进入和研究。我们用了四年的时间，想了各种办法，被拒绝了无数次，最终才得以进入学校开展工作。只有这所学校的校长愿意冒着惹怒教育委员会的风险让我们在学校深色的围墙里开展研究。当时是 20 世纪 90 年代初期，整个城市刚刚遭遇了一次最为严酷的经济萧条，很多公立学校尚未从中恢复过来，其中就包括这所已经严重衰退的中学。教室损坏严重，顶棚的石膏板剥落，大块破碎的玻璃窗上钉着木板，昏暗的灯泡时不时就烧坏几个。跟我的孩子们就读的斯坦福公立学校相比，甚至跟几十年前我所在的工薪阶层社区的布鲁克林公立学校相比，这里的情况都太令人吃惊了。

我第一次去就看到了这样的场景：警车停在校门口，金属的栅栏门上缠着铁丝网，保安在门口值守，成群的孩子们排着队缓慢通过金属探测仪。这让我想起了在俄亥俄州读博士时曾经访问的戒备森严的州立监狱。一走进学校就听到了巨大的学校礼堂里传出刺耳的尖叫声，学生们嘈杂的谈话声和喊叫声夹杂其中。负责巡查的男老师们拿着警棍在走廊里走来走去，比学生们还大声地喊："坐下！闭嘴！"我了解之后才知道，这是课程之间的自习时间。单是这种混乱的场景就能够说明我们已经找到想要的样本。正如我们希望的那样，布朗克斯学校与斯坦福大学里的学校形成了鲜明对比，但这里的条件要比我想象的还要糟糕。

我们的研究项目持续了五年时间，研究对象是 12 岁进入中学的六年级学生，然后跟踪他们直至 14 岁八年级毕业。学生在六年级入学时就参加棉花糖实验，但这次的奖品是 M&M 巧克力豆，学生可以选择"当时得到几个"或是"稍晚时得到很多很多"。学生在校的三年时间内，我们收集了多种测量结果，用来判断他们在棉花糖实验中做了什么、没做什么是否可以预测他们未来的行为。

在布朗克斯学校发现的研究结果与优越的斯坦福校园里一样：**在八年级学生中，高拒绝敏感的人自我评价较低，同学和老师对他们各方面表现的评价也较低，而且这种相关性只出现在那些两年前入学时在棉花糖实验中无法推迟满足的学生身上**。从延迟满足的角度来看，高拒绝敏感的学生如果有能力克制自己的冲动反应，缓解自己的压力，不一定会陷入人际关系的麻烦。

为了了解学生们在布朗克斯学校里的长期发展情况，我们请学生们互相评价他们的社会接纳程度，同时请老师评价他们的攻击性。两组评价的结果呈现了相关性：被老师们认为具有较强攻击性的学生，被同学接纳的程度较低，得到的负面评价较多；高拒绝敏感的学生不容易被同学接纳，在老师看来攻击性较强，但是这一点只存在于那些在入学实验中很快就按铃，并拿走几颗 M&M 豆的学生身上。[8]

有些学生虽然担心自己被拒绝，但是可以控制自己的压力，也可以等待更多的 M&M 豆，在老师看来攻击性最小，在同学眼中也是社会接纳度最高的。避免被拒绝的强大动机，再加上自控技能，可以帮助这些儿童赢得他们渴望得到的接纳。因此，高度担心被拒绝并不一定导致自证预言，相反，甚至可以帮助拒绝敏感的儿童赢得他人的欢迎。

我在南布朗克斯的 KIPP 中学认识丽塔时，她 13 岁，正在读七年级，我认识乔治·拉米雷斯也是在这所学校，他后来去了耶鲁。丽塔说话的声音温和而坚定，每说完一句话都要思考一下，如果她很喜欢自己讲的内容，或是觉得很好笑，她的脸上就会露出大大的微笑。

当时丽塔已经在 KIPP 就读 3 年，她之前就读的公立学校也像布朗克斯中学的条件一样差。她是因为达到了 KIPP 的贫困线，并通过抽签进入了 KIPP。因为 KIPP 重视学习，环境平静而严肃、纪律良好，与同一幢大楼里另外一所混乱的公立学校是完全不同的世界，所以我请丽塔介绍一下她在 KIPP 的经历。她告诉我："一开始我不知道该怎么调整自己，但我一到那里就放开了，也开始跟大家交流了。老师说我可以写作，所以我找了一个笔记本开始写作。我喜欢记录每天的生活，而不是记录猴子进化之类的笔记。"

她的表情变得严肃起来："我不喜欢接受批评。如果有人指责我，我就记录下来[9]，发生在哪里、那个人的名字、他说了什么、为什么会伤害到我、为什么要对我说而不是对别人说。我把它拿给我的辅导员看，她会帮我想明白这件事。然后我就去跟指责我的人讨论我记下来的那些问题。这样有助于了解他为什么会说出那样的话，这也确实减轻了我的愤怒。我明白了每个人都会被批评，只要你正确地处理它，并往前走就可以了。"

丽塔的例子验证了一点：高拒绝敏感，但有能力自控的人可以像那些低拒绝敏感的人一样，在各方面都发展得不错。丽塔在他人的帮助之下，逐渐降低了"拒绝敏感"的程度，走出了自我沉醉的视角，尝试与自己拉开一段距离，用写作的方式将自己受伤的感受表达出来，并与他人讨论。这帮助她学会了如何从这样的情绪中走出来，并"往前看"。

当高拒绝敏感的人感到气愤和被敌对时（他们也经常会有这样的感受），如果他们具备让自己冷静下来的能力，深吸一口气，有策略地调整一下自己的想法，想想自己的长期目标，他们其实就具备了一定的优势。如果他们找到了属于自己的"如果-就"实施方案，并加以练习，将引发冲动的"机关"（如果她看报纸而不听我说话）、内部感受（如果我开始生气）与自我控制策略（我就深吸一口气，然后开始从 100 倒数）联系起来，他们就可以把这些策略变成自动反应，不再费吹灰之力。

这种延迟的技能还可以用来给攻击性冲动降温，方法是激活另外一个冲动性的想法。比如，如果比尔具备了较好的自控技能，他也许就可以展开生动的想象：在愤怒中把炒鸡蛋扔到妻子脸上后，晚上下班回家就看到了一封开头为"亲爱的比尔……"的信，马上再看妻子的衣柜，发现里面空空如也。这里的机制是这样的，延迟技能在冲动行为发生之前制造了片刻的思考，与人们在克服自身脆弱（边缘型人格障碍、肥胖、吸毒），并控制自身行为时的原理相同。

2013 年，塔尼亚·施拉姆和同事在《儿科学杂志》（*Journal of Pediatrics*）上发表的一篇文章显示，宾幼儿园里学龄前儿童在棉花糖实验中的等待时长可以预测他们在 30 年后的体重指数[10]：学龄前儿童延迟满足的时间每增加 1 分钟，成年后的体重指数就降低 0.2 个百分点。研究同时做出了非常必要的警告，跨越这么长时间仍然存在显著的相关性，虽然非常罕见和震撼，但是这并不代表存在直接的因果关系。但是研究者、教育工作者和父母们可以从这一结论中了解到：要在孩子幼年时持续加以干预，从而改善他们的自控力技能。

达尼丁的自控力研究

科学家总是希望他们的研究结果可以不断地得到印证，最好是在不同的人群和背景下。2011 年，棉花糖实验过去了几十年之后，我得知有一个研究团队在研究儿童自控力的保护作用时得到了与我们相同的研究结论，而他们的研究对象在地球另一端，与我们研究的人群完全不同，此时，我感到无比欣慰。特里·莫菲特、阿夫沙洛姆·卡斯皮带领研究团队在一年内收集了在新西兰达尼丁出生的 1000 多名儿童的信息，并在他们 32 岁时调查他们的发展情况。[11] 他们使用了与我们不同的方法测量自控力和长期发展情况。为了评估这些 10 岁以下儿童的自控力，研究者询问了攻击性、多动、缺乏耐力、粗心、冲动性等内容，请父母、教师和儿童自己通过观察进行评估。在评估健康状况时，研究者调查了药物依赖、抽烟、代谢紊乱（如肥胖、高血压、高胆固醇）等内容。在评估经济状况时，调查的内容包括收入水平、家庭结构（比如单亲抚养）、储蓄习惯、信用问题和经济依赖等。研究者还调查了刑事犯罪等反社会行为。无论在哪种测量方式下，儿童时期较差的自控力都可以显著预测成年后的各种负面状况：健康状况差、各种经济麻烦缠身、犯罪率较高。

看到 2011 年这项在新西兰达尼丁取得的研究结论与我们于 20 世纪 60 年代在斯坦福惊喜屋里得到的结论如此一致，真是令人欣慰。**自控力，特别是幼年时的自控力是具有预测作用的**。更为重要的是，**本章展示的其他研究成果还证明了这种自控力具备防御作用，可以防止性格缺陷演变成破坏性的结局**。由此可见，自控力是值得大力培养的，不仅对于我们的孩子们如此，对于我们自身也是如此。

第 13 章

心理免疫系统

不论我们把情况搞得多么糟糕，或是生活对我们多么残酷，如果我们的自控力不幸失败，我们还有一位隐身盟友，它可以及时帮助我们感觉好起来，或者至少不会变得太糟糕。进化给我们提供了一个自动的防御机制，当遭遇生活的重击时，我们往往无法自控、无能为力，冷静系统已经疲惫不堪，我们被自己的危险举动和脆弱感受陷于困境之中，此时这位隐身盟友会及时赶来营救我们。

这一机制过去被称为自我防御。21 世纪初，哈佛大学的丹尼尔·吉尔伯特和弗吉尼亚大学的蒂莫西·威尔逊以及其他研究者对这一概念进行了拓展和修正，并重新命名为"心理免疫系统"[1]。这一系统可以编制一张安全网，保护我们免于连续压力的侵害；可以支持我们应对突如其来的打击，比如在例行体检中被诊断出癌症，退休金被削减，接到解雇通知书，必须腾空办公室，或是我们所爱的人突然离世等。生理免疫系统可以保护我们远离疾病，心理免疫系统可以减少我们心里的压力，帮助我们避免抑郁。心理免疫系统的减压和抗抑郁效果可以增强生理免疫系统，在这两套系统持续的相互作用下，即使在生命的至暗时刻，我们也能够保持微笑和健康。

保护自尊：自我提升

心理免疫系统有办法让我们在失败时不痛恨自己，在成功时为自己而骄傲。它让我们为坏结果找到各种理由，如政府、无能的下属、妒忌心强的同事、一时的倒霉或其他超出我们控制范围的情况。比如某天晚上正要入睡时，你的脑子里突然闪现出白天的小组会议，有同事说你的主意会带来灾难。此时你会这样想：也许我的主意也没那么好，但是没关系，因为我患上了流感，状态不佳。这就是心理免疫力，此时它让你仍能安然入睡。正如社会心理学家埃里奥特·阿伦森和卡罗尔·塔维斯的著作标题《错已铸成（但不是由我）》[*Mistakes Were Made*（*but Not by Me*）]。

心理免疫系统让我们感觉自己善良、聪明、有价值。只要我们不发展成严重抑郁或严重失衡，当我们与同伴进行比较时，心理免疫系统就可以让我们自认为积极品质较多、消极品质较少。但它也不是总能这样发挥作用，有时你可能会认为自己整体而言是聪明的，但是在技术上比较笨，或是认为自己面对工作时自控力较好，但是面对巧克力时就糟糕了。谢利·泰勒有一份名为"我怎样看待自己"的问卷，里面包括了 21 项品质："愉快""学术能力""智商自信""对他人敏感""进取心"等。如果让人们用这份问卷来评价自己，67%~96% 的人认为自己比周围的人优秀。[2] 霍普学院的社会心理学家戴维·迈尔斯认为，在众多的关于自我评价的研究中，这一结论具有重要意义。

美国大学理事会曾经开展了一项针对 829000 名高中生的调查，在"有能力与人相处"这一项中，没有人认为自己低于平均水平，60% 的学生认为自己处于前 10%，25% 的学生认为自己处于前 1%。我们大多数人都自认为比一般的同伴更聪明、更漂亮、更公正、更道德、更健康、更长寿。弗洛伊德曾经用一个笑话诠释了这种现象，有一个男人告诉妻子，"如果我俩有一个人死了，我会搬去巴黎"。

在日常生活中，10 个人中有超过 9 个是高于平均水平的驾驶员，或者说他们自己这么认为。在一项高校教职员工调查中，90% 以上的人认为自己比一般的同事更优秀……如果请丈夫和妻子估计自己承担的家务量或请团队成员估计自己的贡献，所有人的自我评价加在一起总会超过 100%。[3]

不可能所有人都处在平均水平之上。重要的问题是，这种自尊的幻觉最终对我们来说是好还是坏呢？我们应该庆幸这种形式的自我提升吗？应该用一个更好的说法"自我认可"吗？我们可以不对其进行删减吗？如果发现孩子身上也存在这种幻觉，我们应该高兴吗？这种自我高估是一种神经机制吗？为了更准确地看待自我，我们需要摆脱这种防御体系吗？对于这些问题持相反意见的双方，都强烈认为自己的观点相当明智、反方的观点相当愚蠢，这一现象与自我高估这个问题本身如出一辙，不足为奇。谢利·泰勒和她的同事们从 20 世纪 90 年代末期开始通过一系列实验调查自尊的影响，他们的发现为这些问题的争论双方带来了一些新的依据。

泰勒团队指出，**高度的自我提升者，也就是那些与同伴相比时会给自己打较高分数的人，他们的长期生理压力水平较低**。从生理学的角度讲，这一效果很大程度上是通过下丘脑-垂体-肾上腺轴的运转而实现的，它负责调节从消化、体温到情绪、性欲、体能、生理免疫系统等所有功能。下丘脑-垂体-肾上腺轴还可以预测你对压力和创伤的应对表现。高自我提升者的下丘脑-垂体-肾上腺轴比低自我提升者的状况更健康，面对威胁时，他们的副交感神经的镇静活动会增加，给他们带来了较多的安慰，让他们能够更好地抑制冲动系统。[4] 无论是人类祖先遭遇鬣狗时，还是我们遇到其他威胁时，下丘脑-垂体-肾上腺轴都可以降低压力水平，帮助高自我提升者舒缓情绪，重回状态，而不是紧绷着一根弦，随时准备投入战斗。

与上述结论截然相反的是很多精神治疗师至今仍秉持的传统观念，即积极幻觉和自我提升不过是对负面人格、夸大其词、神经质自恋等问题的一种防御性否认，而否认、压抑负面特质的行为会产生巨大的生理成本。但事实上，积极的自我认可的心理状态[5]，包括积极幻觉（只要没有与现实背道而驰），可以增强心理和神经内分泌功能的健康状态，并降低压力水平。能够准确评价自己的现实主义者们会感觉自己的自尊水平较低、较为压抑，一般来说心理和身体健康都容易出现问题。[6] 相比之下，较为健康的人会认为他们自己是温暖而热情的（可能有点虚幻成分）。[7]

心理免疫系统和生理免疫系统的运行存在紧密的并行关系，二者都在忠心地为我们服务，但是一旦跨界或者懒政，二者都有可能"后院起火"。正如丹尼尔·吉尔伯特指出的那样[8]，每个人都必须在这两个相互竞争的需求之间努力保持平衡。生理免疫系统必须识别并杀死病毒等外来侵略者，但也必须避免伤害身体的健康细胞。同理，如果心理免疫系统引导你去想自己比大多数同伴都优秀，这也是一种适应性，并有利于树立自尊，但是如果你坚信自己比其他任何人都好，可就是另外一回事了。

即使心理免疫系统在自我提升与现实主义之间保持了良好平衡，我们也会经常对自己的感受做出错误的预测。吉尔伯特和其他研究者曾经举例：如果让人们想象自己是截瘫患者，他们很有可能会想到悲惨的生活。一旦发生这种不幸的事情，心理免疫系统会帮助我们适应它，我们很快就会振作起来，达到比我们想象的好得多的状态。心理免疫系统的消极性在于它让我们不相信未来必将美好，但其积极性在于，它让我们在生活的逆境中幸存下来。可是，如果我们的心理免疫系统不给力怎么办呢？

失去了玫瑰色的眼镜

认知行为疗法始于20世纪70年代，至21世纪仍在使用，其开创者亚伦·贝克曾经提出，对世界、自我和未来所持的不切实际的悲观态度会导致严重的抑郁。[9]他将抑郁定义为一种持续存在的消极心理状态，就像一副深色墨镜把周围的一切都变成阴暗的。消极的自我形象是否在某种程度上反映了下面的情况呢？**人们之所以抑郁，是因为他们客观地认识到自己缺乏积极的人际关系技能和竞争力**。也许抑郁人群确实缺乏社交技能，因此在他人和自己看来都显得比较消极。

为了证实这些可能性，我和俄勒冈大学心理诊所的彼得·卢因森以及他的同事在1980年开展了一项研究，希望了解被临床诊断为抑郁症的患者如何评价自己的社交情况。[10]我们必须同时得到抑郁患者的自我评价和其他独立观察者对他们进行观察后的评价，这样就可以估计两者的一致性。同时我们开展了另外两组内容相同的研究，但对象分别是同样存在严重的心理问题，而没有达到抑郁程度的精神问题患者，以及现在和过去都没有抑郁情况的正常参与者（年龄与人口特征相似）。

参与者以舒适、随和的方式分小组落座，研究者向他们介绍说"调查是想了解陌生人是怎样相互接触的"。小组中的每个人都会做一个简短的自我介绍，然后研究者会离开房间，让他们相互交流20分钟。

经过专业培训的观察员事先并不了解这些参与者的心理诊断情况和过去的经历，他们会通过房间后面的单向透视玻璃观察参与者，并使用标准量表进行打分，量表包括很多社交的必要品质：友好、受欢迎、有主见、有吸引力、温暖、表达清晰、擅长社交、对他人感兴趣、善解人意、幽默、表达流畅、开放、敢于表达自我、对生活表现出积极的面貌等。每一组调查结束后，参与者都会使用相同的量表对自己在小组互动中的表现打分。

与我们预想的透过灰暗眼镜看待自我的情况大相径庭，抑郁患者在评价自己时"视力正常"，与其他两组比较而言，他们对自己所具备的积极品质的自我评价与观察员的评价最为接近。相比之下，非抑郁的精神病患者和控制组都会过度评价自我，比观察员的评价更为积极。在进行自我评价时，抑郁患者只是没有像其他人群那样透过玫瑰色眼镜而已。

在接下来的几个月里，他们都在俄勒冈大学心理诊所接受认知行为疗法。抑郁患者逐渐开始增强他们的自我评价，开始认为自己更擅长社交了。与此同时，虽然观察员并不知道他们正在开展治疗，但是给出的评价也逐渐积极了。可是，即便抑郁患者在接受治疗后可以更加积极地看待自己，他们对于自己的评价也是较为现实的，与他人的评价较为接近。重要的是，三个组别在自我评价上存在的差异降低了。抑郁患者感觉好多了，估计是由于他们在心理免疫系统的支撑下提高了自我评价的水平。

虽然观察员在研究中是准确评价的标准，但如果让他们进行自我评价，他们很有可能也会像控制组中的普通参与者一样自命不凡。我们往往可以客观地看待他人，但只要我们没有不幸患上抑郁症，往往就会戴上玫瑰色眼镜看待自己。其实，这种自我评价中的自命不凡可能有助于大多数人避免抑郁。[11]

感受如何扭曲思维

强烈的负面情绪可以击垮冷静的思考，这种现象虽然屡见不鲜，但每次发生都让我十分惊讶。**负面情绪可以产生巨大的冲击波，不仅会扭曲我们当时的感受，还会波及我们对于未来的期望和我们的自我评价。**为了研究这一切是怎样发生的，我和杰克·赖特（我在斯坦福的学生，目前是布朗大学的教授）研究了愉快和悲伤的感受会如何影响人们在面对难度较高的问题解决类任务时的表现。[12] 他邀请的是大学生志愿者，要求其中一部分人尽量生动、细致地想象一种可以让他们感到非常开心的情况，另外一部分人想象一种让他们感到非常悲伤的情况。他引导志愿者们在头脑中刻画当时的人和物，就像时光穿梭一样，看见当时的场景，听到当时的声音，感受当时的事件，重复当时的想法，形成当时的感受。比如，为了激发开心的情绪，一个学生想象的是未来自己从法学院毕业的那一天，"虽然等待了很久、努力了很久，但是站在那里的时候我知道自己成功了，我最终成功了"。为了激发悲伤的情绪，一个学生想象的是"我申请的所有法学院都拒绝了我"。

在保持情绪的同时，请他们对电脑屏幕上从各种不同角度旋转的三维动画人物进行配对，匹配的难度不同。在尝试多次后，他们会得到一份虚假的，但完全可以让他们相信的成绩报告，显示他们在完成难度最高的任务时是相当成功的或是极度失败的。处于悲伤情绪中的学生会对较差的成绩反馈做出非常过度的反应，他们会大幅降低对自己表现的评价和对下一轮任务的预期，而接到同样的成绩反馈，但处于愉快情绪中的学生则没有这样强烈的反应。与处于悲伤情绪的学生相比，处于愉快情绪的学生会形成对未来表现的较高预期，更多地回想成功的经验，做出更多有利的自我解读；在智商、魅力、自信、受欢迎、成功、擅长社交等方面 [13]，这些学生的自我评价相对较高，对自己的未来表现抱有较高的期望。

与杰克的晚餐

我每次想到杰克，都会在心中暗自感慨自我提升的重要性。杰克是一位依靠奋斗在金融领域积累了大量财富的成功人士，在一次晚宴上我不幸被安排在了他的旁边。他的自我提升让他在很多方面无比成功，但同时也让他这个人难以忍受，至少在我的冲动系统来看是这样的。他对自己的魅力自命不凡，一刻不停地给我讲了很多故事，都是为了证明他的特别之处，比如他说自己的汗液中会释放信息素，让年轻漂亮的女性渴望与他在一起。

我既然知道自我提升具有很多好处，为什么还会马上就开始讨厌杰克呢？要知道在我看来，他就是自我认可的极致典范呀！可能高度的自我认可虽然健康，但不友好。是不是因为自我提升者过于自私，缺乏同情心，所以才会把别人推远呢？是不是因为他们专注于自我提升，因此忽略了周围人的感受呢？当研究者提出这样的问题时，他们通过研究发现：自我评价高于朋友们对其评价的人，与低自我提升的人相比，他们所拥有的友谊是同样持久、坚固和积极的。[14]

那么那天晚宴上的问题到底是什么呢？大多数有适应力的自我提升者可以准确、自动地认清哪些场合适合公开的自我提升，哪些场合必须谦虚。我们一般是在自己的心里进行自我提升，在私下里，而不是公开地培养自尊、自我安慰。从我所能容忍的杰克的片刻的行为中，我发现他的问题在于他非常轻率地、不分场合地进行自我提升。我怀疑他的轻率与另外一个缺陷相关：心智理论发展不成熟。

正如我们在前面的讨论，心智理论是从幼年时开始发展的一项重要的心理能力，**它让我们有能力发现自己的想法可能不对、事情表面的样子可能不是事实、他人看待事物的方式可能与我们不同**。在正常情况下，学龄前儿童就已经具备心智理论，心智理论与控制冲动反应的能力密切相关。如果杰克是为了打动我，那么他的心智理论表现得并不好，不过可能他的目标是打动自己[15]，那么他的心智理论完全不必在乎其他东西。与杰克的情况不同的是，如果人们自我提升的同时也是为了让他人喜欢自己，那么他们就可以轻松构建相互支撑、令人满意的亲密关系，这种亲密关系本身大有裨益，同时还会增强他们自己的力量和自尊。[16]

评估心理免疫系统

心理免疫系统可以提升自尊水平，带来健康的心理和身体状态。但是从弗洛伊德时代起到 20 世纪 90 年代，很多心理治疗师都认为心理免疫系统是一种脆弱的神经防御系统，因此经常试图帮助人们拆除这一系统，解除防备。现在的一些治疗师仍然在使用这一方式：如果你不知道心理治疗师的专业背景、研究方向和培训经历，就贸然寻求治疗，你的自我提升系统很可能被当作一个问题去解决，而不是作为一种力量去接纳。但是，接受过认知行为疗法（目前基于证据治疗心理问题的方法）培训的治疗师很有可能会采取相反的做法，即尝试对心理免疫系统进行加强，同时注意防止其过度。

健康心理学家、认知神经科学家和行为研究者都已经证实，心理免疫系统以及使其保持健康的个人特质具有重要价值，但行为经济学家和很多心理学家也证明了它的缺陷。他们发现，除非能够进行有效的管控，**几乎在所有职业和领域中，乐观主义、自我认可及其相关的积极特质都会产生偏见，从而导致过度自信** [17]，**做出有风险的决定或面临风险。**比如某些技能卓越的成功人士，他们诚实守信、训练有素、用意良好，毕生致力于严格的自律与自控，无论他们多么谨慎、过去的业绩多么优秀，那种乐观偏见——"是的，我可以！"（经常表现为一句话"是的，我明白！"）——都会导致他们承担过度的风险，继而导致灾难的发生。经常会有容易犯这种错误的人，过度自信使他们破坏了社会规范和道德，他们亲手将自己的成功毁于一旦，并将自己送上头版头条。

美国中央情报局前局长彼得雷乌斯的丑闻就可以证明[18]，建立在长期自信的基础上的免疫力具有极大的破坏力，即使曝光的可能性在冷静系统看来显而易见，冲动系统也要开足马力。四星上将彼得雷乌斯受到广泛尊敬，曾经是冷静认知控制的典范。他是斯巴达自律精神的化身，比如他在指挥驻阿富汗部队时每天清晨都要在喀布尔的山区长跑数英里。他在2011年9月被任命为中央情报局局长，但很快就在2012年11月下马，起因就是一连串的电子邮件显示了他与自己的传记作者的婚外情细节。联邦调查局曝光了他们的信件往来，促使这位局长迅速辞职。他的情况（或者你可能会说，这其中的荒谬）就是莎士比亚式的悲剧反讽。

骄傲自大：阿喀琉斯之踵

彼得雷乌斯的故事让我想到了希腊神话中的大英雄阿喀琉斯，他的脚后跟对他而言就是暴露在外的冲动点，使他像人类一样具有致命的弱点。总之，我们虽然都清楚每个人都有致命的冲动点，但还是期待良好的自控力可以让人们对未来的风险保持警觉与敏感。

正如我们在前面讨论的，高延迟者可以更好地保护自己，避免压力过大，因此他们对于危险信号没那么敏感。同理，因为他们所经历的成功和对人生的掌控（从良好的身体健康状况到高度的财富收益），在掌控幻觉的作用下，他们可能更容易产生决策偏差，最终付出惨痛的代价。正如彼得雷乌斯的故事，掌控幻觉可以让具有强大竞争力、高度自控的人过于自信地在邮件中透露自己的信息，最终亲手毁掉自己打造的成功人生。

掌控幻觉的后果可以是灾难性的，特别是在某些具有金融风险的情况中，高度自控的人可能会认为一切尽在掌控之中，于是导致自己无法对外部反馈和危险信号做出恰当反应。这种情况就真实发生在2008年金融危机中。2013年，哥伦比亚大学的玛丽亚·康尼科娃开展了五项关于承担经济风险的实验[19]，虽然没有达到上亿资产，但也可以模拟和分析金融危机发生时的情况。高自控力的决策者时刻保持冷静、乐观、自信，因此会忽略有关亏损的信息，避免感受压力，最终往往会损失更多的财富。而低自控力的决策者很容易焦虑，对于各种反馈都会做出反应，在破产之前就会放弃。在某些情况下，最后取胜的往往是缺乏自信、高度焦虑的低自控力决策者。

但是这种优势可能并不长久。研究人员曾经尝试通过多种方法去加强低自控力者的掌控幻觉，这些方法包括：提高他们猜硬币的成功率，让他们回忆过去决策成功或掌控局面的经历。这些参与者在得到了充足的信心后，很快就会丢掉他们最初的优势：他们的行为开始趋近于高自控者，最终做出同样愚蠢的决策（如损失财富）。

从私生活到决策委员会，再到走火炭

回顾文献研究，"我相信我可以"的乐观主义者经常会搞砸自己的生活，搞砸那些依赖他们的人的生活，诺贝尔经济学奖获得者、我的心理学研究同事丹尼尔·卡尼曼指出："在个人或机构自愿承担风险的过程中，乐观偏见在其中起了作用[20]，有时候是关键作用。风险承担者常常会低估他们面临的困境，没有给予足够的重视，因此无法发现其中的危机。"他给出了有利的证据说明：乐观主义创造了热情洋溢的发明家和精力充沛、工作努力、有魄力的企业家，这些人努力抓住每一天，但是他们的自信心也滋养了他们的错觉，导致他们把风险最小化，最终付出了巨大代价。如果问美国企业家，如果从事"其他类似的生意"，成功概率有多大，1/3 的人会说他们失败的可能性为零。但事实上，从"住宿加早餐"的酒店业，到硅谷里新兴的大生意，美国近五年内只有 35% 的商业成功。不过好在一点：这些乐观的企业家在承担过多的风险、不明智地下赌注时用的是自己的钱，而不是别人的钱。

托马斯·阿斯特布罗研究了由满怀希望的发明家们提交的大约 1100 项新型发明的命运[21]，发现最终进入市场的不超过 10%，而且其中 60% 是亏损的。当客观评估报告预测发明注定失败时，有一半的发明者会退出，47% 的人会继续坚持，但最终放弃时亏损的数额达到原来的两倍。

这 1100 项发明中只有 6 项在评估中得分较高，最终回报超过 1400%，这种高额回报的特点就是极高的不确定性和不可预测性。正是在这种小概率高额回报的诱惑下，持续乐观的彩民会不停地买彩票，在赌场里，人们会不停地扳动老虎机的拉杆，或是做一个小小的法事祈求好运，然后就不停地掷色子。在罕见的不确定情况下多次获得高额回报而带来的信心增强，相当于斯金纳实验里的鸽子不停地啄击杠杆，同样会诱惑赌徒输到债务缠身，让乐观的企业家和发明家抱着一丝成为下一个百万富翁的希望夜以继日地玩命工作。

过于自信的危险和代价不仅限于创业和金融风险决策，也会发生在对于由概率决定或无从得知的结果过于乐观的任何专业人士身上。比如有人曾对高水平医生的诊断开展了研究，有些病人在 ICU（重症加强护理病房）时还活着，但出去后不久便去世了，40% 的尸检报告显示医生之前"完全确定"的诊断其实是错误的。[22]

我在职业生涯早期曾经失去很多临床心理学领域的朋友[23]，原因就是我经常呼吁他们注意不要过于相信自己的预测，以免在几年后精神病患者重返医院时才惊讶地发现原来的预测没有任何合理性。知名专家的预测与未经训练的旁观者并无二致，载有患者精神病史的厚重的档案才是预测复发可能性与复发速度的最好依据，远胜于所有最好的测试、访谈和专家的临床诊断。[24]

通过分析他人的失败，我发现专家们在做出预测时过度自信可能会产生问题。这些问题同样存在于我的研究中。20 世纪 90 年代初，我曾为第一批即将派往尼日利亚教课的和平队①服务，当时这些志愿者在哈佛接受培训，我们对志愿者使用了一套成本较高的精确评估方法，这套评估高度依赖训练有素的专家访谈、教师打分和先进的性格

---

① 美国和平队是一个隶属于美国政府的志愿者组织，其目标之一是帮助其他国家的人更好地了解美国人民和美国的多元文化社会。——译者注

测试。最后一次会议持续了几个小时，评估委员会成员包括各领域经验丰富的专家，我们共同讨论每一位志愿者，集体决定其人格特点和胜任教育岗位的可能性。

一年后证实，评估委员会做出的预测有效性为零：我们当初的预测与尼日利亚负责人对志愿者的绩效评价没有显著相关性。相反，志愿者对于态度、技能、信仰等问题的自我评价反而具有一定的预测价值。[25] 这一经历在当时看来非常令人震惊，但现在回想起来有点像是预言：以这种方式做出的专家预测是缺乏有效性的[26]，这一点最终被证实是一种规律，不仅存在于股票市场、精神病患者行为、商业成功等长期预测中，同样存在于其他任何短期预测中。2011 年，卡尼曼在《思考，快与慢》中对此进行了完整论述。

总之，**当我们的预期没有实现时，心理免疫系统会保护我们避免糟糕的心情，但它也让我们无视不断出现的与预期完全相反的事实，执着自己的信念，诱导我们付出巨大的代价。**即使火烧眉毛，乐观的幻觉也很难幻灭。2012 年 7 月，在加利福尼亚的圣何塞，21 位成年人由于受到鼓吹积极思考的演讲者的蛊惑，尝试在火炭上行走[27]，导致双脚烫伤而就医。尽管烫伤双脚，还有很多尝试过的人明确表示，这是一种具有变革作用的积极体验。这一事件进一步证实了心理免疫系统和人类缓解心理不适的强大力量。

第 14 章

特定环境下的自我控制

　　1998 年美国总统克林顿遭到弹劾时，有位记者打电话问我："我们现在都知道总统在椭圆形办公室的办公桌下面的所作所为了，还能相信他在办公桌上面的工作吗？"还有其他记者也提出了同样的问题，只是委婉一些罢了。他们的提问反映了一个共同的观念：自控力、责任心、守信用等品质是比较宽泛的，应该在时间跨度上具有稳定性，并且应该在不同情况下也具有一致性。这种观念认为：在某种情况下撒谎的人在其他情况下也不怎么诚实[1]，有责任心的人在不同情况下都有责任心。每次头版头条曝光名人丑闻时都会打击公众所持的这种信念。原本被公众信任的名人，一旦被发现私生活混乱、暴露出与公众形象不符的人格缺陷，就会引发公众的持续关注，大家最后都会问一个问题："哪个才是真实的他呢？"

　　克林顿总统的事件绝非仅有，很多人的矛盾行为都会让人瞠目结舌，比如纽约州、纽约上诉法院大法官索尔·瓦赫特勒不仅从神坛跌落，还被判以重刑送入联邦监狱。索尔·瓦赫特勒曾因主张婚内强奸有罪而得到公众认可，并因其对言论自由、民事权利和死亡权提出的重要决议深受大众尊敬。[2] 瓦赫特勒因为被情妇抛弃，无休止地对其进行了长达数月的骚扰：写信、打电话对其进行羞辱，威胁绑架其女儿。他这样的法学典范和道德模范是怎样一路走向犯罪的呢？索尔·瓦赫特勒将自己的犯罪行为归因于在浪漫关系中的失控。曾有专家认为瓦赫特勒脑部可能长有棒球大小的肿瘤，但事实上并没有。

媒体经常曝光各类名人和公众人物的类似事件，娱乐界、宗教界、商界、体育界和学术界，无一领域幸免。高尔夫球星泰格·伍兹曾是严格自律的典范，不仅具备高超的体育技能，还有惊人的专注力。[3] 他曾被公众认为婚姻幸福美满，但最终却因为婚外情而毁了自己一贯良好的公众形象。这位体育界偶像转瞬就从神坛跌落，至少是在一段时间内离开了公众视野。之后不久，自行车世界冠军兰斯·阿姆斯特朗步其后尘，因服用兴奋剂而毁掉了自己的职业和生活。

特定环境下的自我控制

"你怎么解释这些人的行为呢？"记者在截稿前需要一个简洁的答案时，都会这么问。下面就是我提供的最简洁的版本：克林顿总统有足够的自控力和延迟能力获得罗德奖学金，取得耶鲁法律学位，当选美国总统，这些成就与欲望无关；但是对于某些欲望——垃圾食品、迷人的白宫实习生——他可能没有抵抗力，显然也没有意愿去实施自控。同理，大法官和高尔夫球星在追求他们最重要的职业目标时是有自控技能的，但在其他情况下就完全失控了。能够推迟满足并实施自控是一种能力，也是一项认知技能，它和其他任何能力一样，能否见效完全取决于使用者的动机。延迟的能力可以帮助学龄前儿童为了得到两个棉花糖而拒绝当下的一个棉花糖，但前提是他们想要这么做。

是否使用自控力技能取决于一系列考虑，这其中，我们怎么认识当下的情况及可能带来的后果、我们的动机和目标、欲望的强烈程度都格外重要。这可能显而易见，但又极易被误解，所以我要在此强调。意志力一直都被错误地认为不属于一种"技能"，因为它很少被人们长期持续地进行训练。但正如所有的技能一样，自控力技能只有在我们想要使用时才会练习使用它。这项技能是稳定的，但是一旦动机发生变化，行为也会发生变化。

众多被曝光的名人和公众人物可能并不想控制自己的欲望，相反，他们常常付出大量的努力去寻找和追求刺激。普通人会产生的乐观幻觉和自我价值膨胀，在他们身上同样存在，并且无以复加。就算他们的丑事过去曾经被发现过，他们也会乐观地认为不会再被发现；同时他们也相信如果被发现了，自己也能摆平——鉴于某些人过去的经历，这也不算是不合理的想法。他们过去的成功和拥有的力量怂恿他们挥舞权利理论，认为可以将自己排除在一般的规则之外，做普通人无法做的事情。正如纽约亿万富婆、前酒店女王利昂娜·赫尔姆斯利在入狱前曾经口出狂言："只有小人物才会纳税。"[4] 如果他们不曾口无遮拦，即使事情暴露，也可能尚有挽回余地。现代社会里，跌落神坛的英雄往往可以涅槃重生、东山再起，一跃成为电视台新闻访谈节目主持人或者收入可观的咨询顾问。

具备实施自控和等待棉花糖的能力，并不代表在任何情况下、任何目标下都能够得以应用。人们可以具备卓越的自控力技能、有创造力地实现那些被社会认可的美好目标；也可以使用相同的技能去组建地下家庭、海外账户和秘密生活。他们可以在生活的某些领域内负责、认真、可靠，也可以在某些领域内表现得完全相反。如果我们认真观察人们在不同的情况下、所有社会活动中的所作所为，而不是他们的所言所语，我们就会发现人的行为并不是一致的。

一致性的例外

只要我们想想自己熟悉的人就会发现，无论从哪个角度而言，人们之间的社会行为与性格特点都有很大的差异。一般而言，总是有些人会显得比较认真、随和、友善、好胜、易怒、外向或神经质。我们做出这样的判断是很轻松的[5]，并且也经常与他人或者被评价者本人的看法是一致的。我们之间这些共同的印象是十分有用的，对于闯荡社会来说甚至是十分关键的，因为我们可以据此对他人的行为做出合理的预测。

环境会以重要的方式影响社会行为，影响方式就取决于我们如何认识环境。无论一个人多么认真或不认真，他去幼儿园接孩子要比跟朋友喝咖啡准时；人们在大型聚会上要比在葬礼上健谈和外向。这种差异是不可避免的。

人类性格的概念还代表一种假设，在需要某项品质的不同情况下，人们在该项品质上所呈现的行为是一致的。也就是说，在多种不同情况下，极其认真的人总是会比不太认真的人表现得更为认真。比如，如果"总体来说"约翰逊比丹尼认真得多，那么在完成家庭作业、考勤、保持房间整洁、照看小妹妹等事情上，约翰逊都应该比丹尼做得好。这样的假设对吗？对于任意一项心理特质而言，水平较高的人在不同情况下始终都比水平较低的人更好吗？

人们的行为、思维和感受在不同情况下都具有广泛的一致性，这个假设听起来很有道理，因为这一假设是由冲动系统形成的。[6]冲动系统会从最小的行为碎片中形成一般印象，并应用到多少具有一些适用性的任何地方。但是当我们发挥前额皮质的优势去观察人们在不同情况下的行为时，无论是克林顿总统，还是我们的家庭成员、我们的朋友、我们自己，这个假设都成立吗？

我刚刚到哈佛作为助理讲授的第一门课程是关于行为评价的。在备课时，我提出了这样的问题：你可以根据某位同事在工作中表现出来的责任心去判断他在家里的负责任程度吗？对于某位在部门会议上"满嘴跑火车"的同事，你能预测他在家里与孩子们相处时的行为吗？经过反复研究后，我惊讶地发现最初的特质假设无法得到印证[7]，相反，在某种情况下某项特质表现较好的人，在其他情况下可能会表现较差：在家里有攻击性的儿童在学校里可能还没有其他儿童强势；

在恋爱中被拒绝后表现得很有进攻性的女性对待工作中的批评可能格外容忍；看牙医会紧张到冒汗的人面对陡峭的山峰可能会无比冷静和勇敢；野心勃勃的企业家可能会极力避免承担社会风险。

1968 年，我开展了一项全面的综述研究 [8]，主题是关于人们在某一情况下（比如对待工作中的义务和承诺的责任心）的行为与另一情况下（比如在家庭中的责任心）的行为之间的相关性。我查找了几十篇相关文献，其结果令很多心理学家震惊：虽然相关性不至于达到零，但要比大家的设想低很多。很多学者都没能够证明人们的行为在不同情况下具有一致性 [9]，他们认为失败的原因是使用的方法不够理想、不够可靠，而我开始怀疑的问题是：他们对人类特征的本质和一致性的假设可能是错误的。

虽然争论还在继续 [10]，但无法改变的事实是：**人类行为的整体一致性微乎其微，基本没有使用价值，无法根据人们在某一特定情况下的行为准确预测他们在其他情况下的行为**。行为是基于特定情况的。高度发展的自控力技能也许可以在某些情况和某种动机下发挥作用，但是当情况发生变化后也许就无法发挥作用了，正如那些陨落的公众人物给我们带来的启示。

这一问题可以在日常生活中引起很多麻烦，这种麻烦就曾经现实地发生在我身上。有一次因为我要出国两周，所以需要请人来照顾年幼的孩子们。我考虑过请邻居的保姆辛迪。她以前说过她在高中的成绩很好，前一年夏天还做过救生员，而且不抽烟。但正如我前面所讲，我知道我们不能根据某一种情况准确预测其他各种情况。比如，如果辛迪和同伴一起参加聚会，有人把酒递过来，她会怎么做呢？我们虽然知道她在某天晚上看护儿童的表现，但是仍然无法预测如果连续两周看护我的孩子们，她会表现得如何。这些都是我形成的第一想法。如果我们把大量的信息进行简化，就会形成那种刻板印象：在某种情况下的事实在其他情况下也同样成立。但是，预测某种全新情况下的某种行为，即使是极其自信、训练有素、从未失手的专家，也会经常犯错[11]。

我没有雇用辛迪，因为她看起来太年轻了，但我最后雇用了一对年轻夫妇，因为他们的样貌看起来成熟、负责。在充分面试后，他们给我留下了很好的印象，并且他们来家里和孩子们见了面，孩子们也喜欢他们。但是，旅行结束回家后，我发现家里完全成了垃圾场，10天没洗的所有的东西全部摆在那里等着我。孩子们倒是一切都好，但是很不开心，而且特别讨厌这对夫妇。这对夫妇也同样讨厌她们。此时，我对行为的一致性与不一致性的研究兴趣更加强烈了，特别是自控力和责任心方面的行为。

很快，我和研究团队确实发现了一致性[12]，但地点出乎我们的意料。我们是在一个儿童住宿治疗营地开展研究时发现的。我们在半个夏天的时间段里对营地的儿童进行观察，在他们不知情的情况下连续数小时、数天观察他们的行为。营地是一个天然的实验室，我们在颗粒级的细节中观察一个人在一段时间内、不同日常情况下的行为方式。实验带来的惊喜改变了我们对于性格的理解。故事就从威迪科开始吧。

第 15 章

性格的"如果-就"特征

　　威迪科是一个以田园新英格兰为背景、设施完备的暑假住宿治疗营地。我们在 20 世纪 80 年代中期去开展研究项目的时候,夏令营为期 6 周,7 岁至 17 岁的孩子根据性别与年龄分组住在乡村小木屋里,每个小木屋配备 5 名成年顾问。接受建议来此参加项目的孩子主要来自波士顿地区的家庭,他们在家庭和学校中都出现了比较明显的社会适应问题,比如攻击性、孤僻、抑郁等。营地的目标是打造轻松的治疗氛围,培养他们加强社会行为的适应性和建设性。

　　杰克·怀特是威迪科儿童服务中心的研究主任,在他和威迪科所有员工的支持下,我和长期合作者正田裕一在夏令营里开展了大规模的研究项目。正田裕一和研究人员系统地观察了孩子们在 6 周时间里的行为。研究人员作为旁观者详细记录了每个儿童每天在各种营地活动中的社交行为,从小木屋到食堂,从戏水时间到手工时间等各种情境。收集数据的工作量巨大,我和正田裕一、杰克合作完成了项目设计和结果分析。

找到"热点"

在夏令营持续期间，研究者每天都要记录在一些特定情境下每个儿童与他人的交往情况。我和正田裕一、杰克主要分析冲动系统的消极行为，包括语言和身体攻击行为，这也是他们来夏令营的主要原因。

孩子们玩穿珠子或游泳时，只要进展顺利，就不会产生强烈的情绪反应。如果有人故意把别人刚刚费力搭好的塔楼碰倒，或者有人出于善意邀请他人一起搭建塔楼却遭到了侮辱和嘲笑，他们就会情绪激动起来。为了识别启动攻击行为的心理状况"热点"，研究人员首先请顾问和儿童们自己对每一个儿童进行描述，把他们的第一反应记录下来。最小的儿童会使用量化的方法来进行描述：乔"有时候"会踢人、打人和大喊，皮特"总是"跟每个人打架。而顾问和年龄大一点的儿童在经过思考后给出的回答更有针对性[1]，他们会指出导致情绪激动的具体的人际关系状况，比如，"乔总是生气"可能是他们的第一反应，但在一番概括之后，他们会指出引发冲突的具体"热点"——"如果有人摆弄他的眼镜""他不想搭理人的时候"。

根据这样的"如果–就"描述，研究组成员反复观察每个儿童在威迪科营地的行为，确定了五种情况：三种消极情况（"被同伴戏弄、激怒、威胁""被大人警告""被大人惩罚——被暂停活动")和两种积极情况("被大人表扬""有同伴亲近")。每个儿童在每种情况下的社交行为（如语言攻击、人身攻击、孤僻）都被记录下来。这是一种前所未有的样本：在为期6周的时间内通过167个小时的直接观察，对几种固定情况下发生的社交活动进行记录。关于人性，以及性格和行为的表达趋势，一直存在两种假设：跨情境的人格一致性、不同情景下不同的人格行为特征。我们得到的这些观察记录就可以用来检验这两种不同的假设。

传统的人格概念在直觉上很有说服力[2]：针对某一具体的社会行为，比如攻击性或是谨慎，人们会在不同的情况下表现出比较稳定的水平。如果我们收集到足够的观察记录，我们应该可以根据一种情境下人们的行为预测他们在另一种情境下的行为。回到跌落神坛的公众人物，我们都会认为在公众视野中谨慎的总统在私生活中也是同样谨慎的。同样，我们也会认为在威迪科营地表现出很强的攻击性的儿童在其他众多情境下也会具有很强的攻击性，或者说有些儿童的攻击性一直较强、有些儿童则一直较弱。这就是跨情境的人格一致性。

另外一种假设是，决定我们社会行为的并不是我们在各种不同情境下都相对稳定的人格，而是在不同情境下基于感知和理解的细致辨别。针对特定的情境，我们对之形成的期望与目标，我们过去对它形成的经验，它在我们心中搅动的情绪，我们所具备的应对它的能力、计划和技能，它对于我们的重要性和价值等，这些都是情境的差异化。即使是具有高度攻击性的小孩，也会区分不同的情境而差异化地表现出攻击行为，这取决于具体情境对其所具有的意义。他的冲动系统使他易怒，但是他的攻击行为只有在特定、能够引发其攻击性的情境下（也就是他的"热点"）才会出现。

"吉米"和"安东尼"是参加威迪科夏令营的两个儿童的化名，他们的行为代表了我们的研究结论。下图展示的是我们在五种心理情境下发现的情境–行为特征所具有的"如果–就"模式。

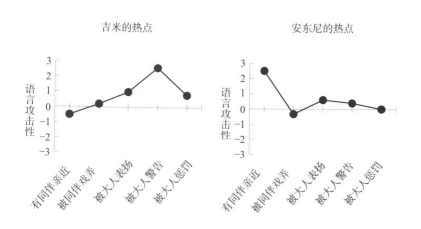

上图可以显示在为期 6 周的夏令营中每个儿童在五种情境下的"语言攻击性"的水平。图中数值为 0 的水平线表示当年威迪科夏令营所有儿童的攻击性的平均水平，折线表示的是吉米和安东尼与平均水平相比较的变化模式。这样的折线可以显示某个儿童的特定"热点"，也就是攻击性显著高于其他同伴的特定情境。这里所说的"语

言攻击"是说脏话的委婉说法，包括"你太逊了""你的眼镜真傻""你这个变态"，还有那个常用的四个字母的动词。

吉米与其他儿童的不同之处在于，在被大人警告或惩罚时，他的攻击性格外强。事实上，不管大人做什么，即使对他很友善或表扬他，他也会比别人更具攻击性。如果大人警告说要惩罚他，他就会失去理智。但是与同伴在一起时，即使有人捉弄他、挑衅他，他的攻击性也不是特别强。

相比之下，安东尼只有在其他营员接近他时，才会表现出比较强的攻击性，他人的友善姿态对他而言就是"热点"，被同伴戏弄或被大人警告和批评都没有这种普通、同伴间的行为更容易引发他的攻击性。一般而言，有些人虽然无法很好地控制自己的攻击性，但当同伴表现出友好时，他们的攻击性是不会太强的。而安东尼会在别人对他友好时变得异常具有攻击性，这简直就是使他通往愤怒世界的秘诀。吉米与他完全相反，他对同伴比较平和，但对于成年人异常敏感，无论是被大人惩罚，还是表扬。

虽然这两个男孩的整体攻击性水平相当，但是他们的"如果-就"模式反映了他们截然不同的"热点"。意识到这一点后，我们就应该思考不同"热点"的含义和我们对不同个体的解读。因为"如果-就"模式在不同的情境下是相对稳定的[3]，激活情绪的"热点"就是相同或相似的，这样就可以帮助我们预测未来相似情境下的行为，找到每个儿童的弱点，然后制定相应的治疗和教育方案。[4]

稳定的"如果-就"行为特征

继威迪科研究之后，又出现了一些对其他人群和其他行为特征开展的近距离观察研究，结果显示大多数人群都具有"如果-就"模式。[5]性格所反映的行为特征决定了在触发特定的情境开关后个体会产生的行为。[6]成人和儿童都存在这样的行为特征，包括责任心、应对焦虑与压力以及社交能力等所有问题。总之，这一发现与传统的、直觉上正确的性格假设（人们在不同的情境下会表现出高度的一致性）是相反的。具有稳定性和一致性的是每个人独特的"如果-就"模式，这一模式帮助我们预测某人的行为特点有多少会表现出来，在什么时候、什么地方会表现出来。这样的信息为我们打开了一扇窗，去了解驱动行为的因素是什么、行为会发生怎样的变化。

我们在威迪科发现的有关攻击性的结论也出现在明尼苏达州的卡尔顿学院学生的责任心研究中。[7]这项研究早于威迪科研究五年，当时是 1978 年秋天，菲利普·K. 皮克刚刚本科毕业，计划跟我在心理学领域一直读到博士。那天他笑眯眯地来到我在斯坦福的办公室，说需要一个安全的地方保存几箱刚刚收集到的数据。学生来找我时不仅带着一个很好的想法，还带着可以验证这个想法的大量数据。迄今为止，在我的职业生涯中，那是仅有的一次。菲利普当时虽然还是本科生，但已经在跟卡尔顿学院的导师尼尔·卢茨基一起开展研究工作。他在几个月的时间内系统记录了卡尔顿学院学生的行为。他使用了由学生自己确定的"本科生责任心"量表来评价学生，项目包括出勤率、准时参加导师的约见、及时还书、房间整洁、上课记笔记等。

与我们研究的威迪科营地儿童的攻击性一样，卡尔顿学院学生的责任心在不同的情境下也没有一致性。在他们观念里凭直觉相信的一致性，其实并不是在不同的情境下出现的行为的一致性。比如同样一个学生，与导师见面总是迟到，但可能总是会在考试前几周就开始认真复习。那么他们对一致性的相信来自哪里呢？或者他们对一致性的相信只是一种错觉？[8] 实际上是来自责任心的"如果–就"模式，而且关系非常密切：在一定时间跨度内，如果这种模式始终存在或是反复出现，学生们就会感觉到他们在不同情境下都具有稳定的责任心。**他们相信自己具有一致性，其实是他们可以预测稳定存在的"如果–就"行为特征。**比如，卡尔顿学院的某位学生认为自己在学校内具有稳定的责任心，是因为他知道自己会准时上课，准时与导师见面；但他也知道自己的笔记和房间总是一团糟，总是晚交作业。这正是一种"如果–就"模式的长期稳定性[9]，它让我们相信我们会稳定地展现某项特点。我们对一致性的直觉不是悖论，也不是幻觉，更不是研究者们在 20 世纪一直都在寻找的那种一致性。了解这一点是十分有用的，因为它告诉我们怎样观察就可以预测他人会怎么做、预测我们自己可能会怎么做。

有了这些发现，就比较容易回答记者们提出的克林顿总统是否值得信任的问题了。总统先生晚间在白宫椭圆形办公室里与实习生之间发生了什么行为，并不能用来预测第二天他在玫瑰园与国家领导人协商政务时的责任心与责任感。如果有人问："哪个才是真实的比尔·克林顿？"我的答案比较长：他在某些情况下是高度负责和自控的，但在某些情况下不是，两面都是真实的他；如果你想忽略背景整体计算他的责任心，平均来说，他应该是具有较高的责任心的——不过有多高要取决于你跟什么人进行比较。你想怎样评价他的整体行为 [10]，或是你是否喜欢、尊重他的"如果—就"模式，这都取决你自己。

绘制"热点"地图："如果-就"的压力特点

如果绘制一幅你自己的冲动系统的启动地图，你可能会被震惊到。一幅"如果-就"的"情境-行为"特征地图可以让你对自己的冲动系统保持警觉，让你意识到在何时、何地容易做出以后会后悔的反应。自我监测这些"热点"是为了对情境进行重评和降温，在你实现自己最为看重的目标和价值的过程中更好地控制自己的行为。即使你不想控制这些自动的冲动反应，你可能也会从跟踪和观察这些冲动反应的后果中受益。

在某项研究中，承受高度压力的成年人在指导下使用"如果-就"的评估方法去识别引发压力的"热点"。他们通过结构化日记记录激活高压的特定心理情境 [11]，然后连续每天描述自己对每一个"热点"的反应。比如，在各种情境下平均来看，珍妮的压力水平属于正常，甚至在某些地方还低于平均水平，但导致她压力水平产生问题的特征是她感觉自己被排挤，这种情境下她的压力水平就会激增。当她感到被孤立时就会变得压抑，束手无策，也对她责怪他人，并且开始回避他人。为了使珍妮能够更好地应对压力，帮助她发现哪些情境会让她感到压力、哪些情境不会让她感到压力、认识自己在这些情境下的行为，是为她设计干预治疗方案的第一步。虽然该项研究关注的是针对压力水平的"如果-就"特点，但其中借助日记和设备来进行自我监测的方法同样可以用来为其他感受和行为导致的过激反应绘制"热点"地图。**一旦你了解了是什么样的"如果"刺激或情境会引发那些你希望修正的行为，你就具备了能力去改变自己对这些"如果"的评价和反应。**

努力，给攻击倾向降温

来威迪科营地接受治疗的儿童都具有高度攻击性的行为模式，这些行为不仅使他们的生活由于麻烦不断而面临风险，失控的攻击性行为同样让他人面临被攻击的风险。我在前面几章讨论过自控能力的保护作用，比如可以避免"高拒绝焦虑"产生的破坏性。那么自控力是否有助于控制强烈攻击性倾向的表达呢？

威迪科研究给我提供了一次验证这种可能性的机会。我当时的博士后莫妮卡·罗德里格斯（现在是纽约州立大学奥尔巴尼分校教授）在营地里组织了一次棉花糖实验，使用 M&M 巧克力豆作为奖品——立刻得到几颗或者稍晚得到一大袋。有些儿童能够很自然地使用冷静策略降低自己的挫败感。他们不去看巧克力豆和铃铛，有意识地转移自己的注意力。这些儿童虽然与营地所有儿童一样具有实施攻击行为的可能，但他们在整个夏令营期间的身体和语言攻击都是相对较少的，而那些不能使用冷静策略去等待更多巧克力豆的儿童实施的攻击性行为是较多的。[12] 如果训练营中发生的人际冲突激活了孩子们的"热点"，在棉花糖实验中用来转移注意力的认知技能和执行功能也可以用来平复与控制攻击性反应。眼看就要爆发愤怒和暴力时，掌握这些认知技能和执行功能的孩子可以及时地让自己冷静下来，避免完全失控。

然而，有些情况会以看上去毫无道理、令人抓狂的方式伤害人们，无论一个人多么善于自控，都会丧失意志力。

第 16 章

瘫痪的意志力

　　约翰·契弗的短篇小说《桥上天使》[1]让我们看到了冷静系统是多么容易被摧毁，即使人们具有卓越的自控力，心理免疫系统运转良好，实施自控的动机和意志力也有可能无法发挥作用。小说的男主角是一位住在曼哈顿的成功商业人士，有一天晚上他在回家经过乔治·华盛顿大桥时，突然遭遇狂风暴雨。男主人公（小说中是第一人称，我们称他为"大桥先生"吧）感觉大桥在狂风之下好像开始摇摆，他就开始想大桥会坍塌，内心十分恐惧，后来好不容易设法返回家中。没过多久，他就发现自己的恐惧不仅限于某一座大桥，而是所有的大桥。大桥先生的工作需要他经常穿越大桥，他拼命用尽所有的意志力去克服恐惧，但所有努力都是无效的，他越来越沮丧，知道自己正在逐渐失去控制。

冲动的关联

大桥先生曾经无数次平静地通过乔治·华盛顿大桥，但那天他经过时突遇狂风暴雨，使得这一建筑物对他产生的情感作用发生了变化。在巨大的压力之下，他的冲动系统自动地将曾经中性化的大桥与那一次感觉到大桥摇摆的恐惧感受进行了关联。每次通过大桥时，他都会惊慌失措，想象大桥马上就要断裂，把他抛进大桥下面湍急的水流。原本是中性的刺激物，比如一座坚固、优美的大桥，如果在冲动系统中与强烈的恐惧感进行了关联，这种恐惧就会泛化至很多曾经是中性的相关事物——具体到小说中，就是所有高架于水面之上的大桥。在大桥先生的杏仁体的冲动记忆里[2]，只要脑海中闪现一下穿越大桥，就会立即激活他在暴风雨中的恐惧。无论大桥先生如何调动自己的冷静系统对当时的感受进行重评，实施意志力，重新思考当时的情境，通过自我疏离获得新的视角，都无法凭借毅力克服恐惧。

如果下意识的恐惧反应与先前的中性刺激之间建立了冲动关联，我们就会像20世纪早期开展的实验室研究"典型的恐惧条件"中的狗一样无助。在这个实验中，伴随蜂鸣器的每一次响声，可怜的小狗们就会被电击一次[3]，然后它们很快就会成为蜂鸣器的情绪性受害者：即使蜂鸣器响起时不再伴随有电击，小狗们也十分恐惧。意志力和冷静技能并不能帮助人们克服这种伴生伤害。大桥先生的"跨桥行为"不再受其自身控制，而是受到刺激条件的控制，自动和反射性地受到冲动系统的统治。因此，他所有实施意志力和保持坚强的努力都一败涂地，让自己越来越绝望，甚至害怕自己会失去理智。

幸运的是，契弗的小说中出现的一位"天使"拯救了大桥先生。在一个晴天里，他要去往某地，但无法找到一条没有任何桥梁的路线。当他接近必经的大桥时，他的恐惧感再次袭来。大桥先生无法前行，只能停在路边。这时来了一个可爱的天使般的年轻女孩，她背着一把小竖琴，过来请求大桥先生让她搭车。在跨过长长的大桥时，女孩一路都在为他演唱甜美的民谣，他的恐惧感消失了。虽然大桥先生仍旧会避免通过乔治·华盛顿大桥，但通过其他大桥很快就再次成为稀松平常的事情。

契弗的故事实际上是提前很多年预见了认知行为疗法，并否定了当时主流的心理疾病治疗方法。当时采用的是与身体疾病相同的治疗模式：医生必须将患者所述病情与潜在的诱因进行剥离，进而分析病因。比如，患者由于肿瘤而导致背痛，如果不切除肿瘤，只开止痛药，很快就会带来灾难性的后果。而对于被心理状况折磨的人而言，患者所述的病情，如对大桥的恐惧，往往才是必须解决和铲除的问题。

有很长一段时间，人们都相信可以使用对待疾病的医疗模式治疗恐惧心理。当时普遍存在一种顾虑：如果只针对行为问题（"症状"）开展治疗，就会产生另外一种更为严重的替代症状。当时的普遍观点是：深层次原因一定是童年时期所经历的心理创伤，并且患者往往在当时并不会意识到，因此这一诱因必须经过长期分析才能够暴露出来。

重新建立联结

1958 年，精神病专家约瑟夫·沃尔普开始对精神分析理论提出质疑，大胆采用了直接的行为矫正方法，帮助像契弗小说中那样遭遇焦虑和恐惧的患者。沃尔普认为："当某个刺激物引发焦虑时[4]，如果可以制造一个能够彻底或部分压制焦虑的对抗性反应，那么刺激物与焦虑反应之间的关联就会被削弱。"

沃尔普认为深层肌肉和呼吸的放松练习可以帮助患者形成对焦虑的对抗性反应，然后放松反应就会逐渐被链接到恐惧刺激物，直到恐惧感消失。在这种疗法中，首先将放松反应关联到一个与恐惧刺激物具有微弱相关性的刺激物（比如这样的一幅图片：阳光下，一座小桥跨过平静的小池塘），这相当于创伤威胁的一个微弱的替代版本；当它引发的焦虑被克服后，就增加替代版本的刺激强度；直到放松反应链接到思考恐惧刺激物，并最终关联到亲身接近恐惧刺激物。如果具体到乔治·华盛顿大桥而言，患者能够达到的治愈程度就是在放松的状态下通过大桥。契弗在小说中的想法是这样的：如果放松反应，即对焦虑的对抗，是以那位可爱的天使般的姑娘一路歌声相伴的完美形式而到来的，上述逐步建立关联的缓慢过程就可以被戏剧化地加快。但这种戏剧化仅限于小说中，在现实生活中无法实现。

契弗的故事很快就成了治疗各种恐惧症的标准方法，而且不必等到天使降临。[5] 很多研究将那些患有恐惧症的人请到安全的环境之中，让他们看着大胆的示范者缓慢而无畏地步步接近他们所害怕的刺激物，而示范者始终是平静和安全的。我们在斯坦福开展棉花糖实验的同一时期，我在斯坦福20多年的同事阿尔伯特·班杜拉正在研究害怕小狗的学龄前儿童。他让学龄期儿童站在安全距离以外观察一个示范者毫无畏惧地接近小狗。开始的时候，示范者（担任研究助理的实习生）只是稍微抚摸一下被关在护栏内的小狗[6]，然后她逐步进入护栏接近小狗，亲近地拥抱小狗，喂小狗。在旁观察的儿童很快就克服了恐惧，并亲自拥抱小狗，喂小狗。班杜拉和同事们对患有各种恐惧的儿童和成人都取得了类似的研究成果，方法就是给恐惧症患者播放在各种场景下的示范者视频。这些研究为认知行为疗法治疗恐惧症奠定了重要基础。

班杜拉的研究显示了克服恐惧的最好办法[7]：首先观察胆大的示范者，然后在示范者的引导和帮助下亲自尝试并掌控。使用一些"引导性掌控体验"[8]，儿童和成年人不仅可以克服对小狗、蛇、蜘蛛等的恐惧，甚至可以克服最严重的、最具破坏力的焦虑性障碍——"广场恐惧症"，即害怕到开阔的地方。班杜拉在谈到他的研究时指出，研究中有些恐惧症患者在长达几十年内被同样的噩梦困扰，"引导性掌控"疗法甚至可以扭转这种梦境："一个女士通过掌控对蛇的恐惧，居然梦到了巨蟒在照顾她，帮她洗碗。后来所有的爬行动物都在她的梦里彻底消失了。'引导性掌控'疗法带来的变化是持久的。[9]而且，即使是在其他疗法之下只取得了部分进展的恐惧症患者，不论他们的恐惧有多么严重的破坏力，也可以通过'引导性掌控'疗法得到痊愈。"

2010 年那部极具影响力的电影《国王的演讲》讲述的是英国国王乔治六世的故事。在成为国王之前，乔治六世一演讲就会口吃，直接的行为矫正治疗有效地帮助他克服了这一困扰，之后他就成为战争时期国家所需要的强大君主。他的自我价值感和个人生活都蒸蒸日上。无论导致口吃的根本原因是什么，丢掉口吃带给国王的只有益处——没有产生巨额费用，也没有出现替代症状。

在英国国王克服口吃 30 年后，心理学家戈登·保罗面向害怕公开演讲的大学生开展了一项实验，虽然没有那么戏剧化，但过程严谨，令人信服。戈登·保罗把大学生分配到不同的条件组中。[10] 其中一组学生学习使用一种脱敏程序：在想象公开演讲的有关情况时，系统性地深度放松。然后他们要练习在越来越有挑战性的情况下保持放松：从独自在房间读演讲稿，到演讲日早上的着装，再到站在观众前发表演讲。在另外一组中，学生们接受了临床专家的洞见取向心理治疗（insight-oriented psychotherapy），目的是探寻导致焦虑的可能原因。此外还有一组，学生们服用安慰剂——据说是可以缓解压力的"镇静剂"。在所有测量手段下（演讲时的焦虑水平、对焦虑进行的心理学测量等）明显获胜的是学习脱敏程序的小组。该小组的学生不仅克服了对公开演讲的恐惧，还显著提高了他们的学业成绩。帮助人们克服类似的演讲障碍、非理性的恐惧、面部抽搐（这些问题可能是其他问题的症状，也可能不是）的方法并不会产生更严重的问题，如果开展得恰当，还可以让患者的自我感觉更好，并提高他们的生活质量。

通过几十年的时间以及众多类似的研究，才消除了早期心理治疗师对可能出现替代症状的顾虑，同时也找到了有实践依据的、经济的治疗方法，帮助人们战胜与冲动系统相关的不幸遭遇。多数认知行为疗法的开展在美国是标准化的，然而在很多其他国家和地区还尚未被接受或被认为不足以产生治疗效果。我有位朋友是致力于解决儿童心理问题的临床医师，我最近给她讲了《桥上天使》，想着可能对她的工作有用。她微笑着耸耸肩，说这是一种浮于表面的治疗，治标不治本，就跟开镇静剂治疗癌症是一样的错误。我的这位医师朋友认为对大桥的恐惧其实是一种深层次焦虑的表达，她确定如果消除了大桥焦虑，一定会出现更加严重的替代症状，因为深层次的焦虑成因是被深埋在冲动系统中的。她认为必须进行充分的分析，触动问题的根本。我问她，如果大桥先生是她的病人，她会怎样开展治疗，她的回答非常简短。她指出，大桥先生的恐惧实际上是他陷入了存在主义空虚，治疗必须针对深层的恐惧及其产生的根源。我虽然感叹于她回答中的韵味，但对其能否帮助大桥先生通过乔治·华盛顿大桥持保留态度。

大桥先生的困境说明，即使对擅长自控的人而言，要克服冲动系统的自动关联也是非常困难的。总而言之，这些联系可以反射性地立刻将由杏仁体引发的强烈情绪反应（特别是恐惧）与其中出现的刺激物联系起来，即使这些刺激物原来在情绪上是中性的。要克服这种偶然出现的附带伤害，就需要重新建立关联。比如大桥先生在突如其来的暴风雨中觉得大桥即将断裂，要克服在这种情况下产生的恐惧，就必须断开恐惧感与大桥之间的关联。大桥先生或是其他任何人都不能独自做到这一点，但第一步是了解产生恐惧的关联是如何形成的、如何克服它。对于大桥先生的问题而言，目标就是脱离桥梁与恐惧之间的联系，并将桥梁重新链接到安全通过后的愉快感受上。即使没有天使和小竖琴，甚至可以没有治疗师，只要他的某个朋友就可以载着这个内心充满恐惧的人开展治疗。首先穿越一座位于浅水上方几英尺高的短桥，也许可以在同一天再穿越一座更大、更高的桥，途中可以播放美妙的竖琴乐曲。接下来，也许可以让恐惧者手握方向盘，而让朋友坐在副驾驶位上，首先尝试通过一些位于几乎干燥的陆地之上的小桥，然后逐渐通过位于水面之上的大桥。每一次跨越桥梁，大桥先生都会重新感觉到安全。这种脱敏治疗可以让我们摆脱刺激物的控制，并恢复自控力，解救瘫痪的意志力。

第 17 章

疲劳的意志力

　　纽约上东区，匈牙利领事馆优雅的招待会上，疲惫的观众正在等待节目的开始。工作一整天之后已是深夜，一群年近 40 岁甚至更大年纪的"艺术赞助者"身着灰色或黑色的商务套装，不停地看向劳力士手表和苹果手机，眼神迷离。音乐会被推迟很久之后，在突然放大的伴奏声中，歌声响起："我现在就想干坏事！我才不在乎后果！"

　　此次音乐会是为了促进匈牙利旅游业。乐队成员们随意地站在舞台上，兴奋地尖叫，疯狂地演奏小提琴和吉他，重重地打着鼓和金属罐，打着响板，摇着拨浪鼓，他们戴着又小又旧的软呢帽，穿着嬉皮士服装，肆无忌惮地与彼此、与木讷的观众调情。这一切"电醒"了瞌睡的人群，引出一阵兴奋的欢呼声和喊叫声，就像是摇滚音乐会上的小孩子。但是试想，如果这次活动中规中矩地开始于布达佩斯的宣传片介绍，恐怕很快就会听到人们憋不住的咳嗽声，看到人们不断走向出口。

在乐队把人群调动起来之前，观众们好像正在遭遇集体意志疲劳，因为过度自控而疲劳。为了撑过漫长而紧张的工作日，整整一天发挥意志力可能会让人筋疲力尽。他们急于让体内的"蚱蜢"找些乐子，而且是立刻。他们兴奋地接受了乐队的邀请，摆脱束缚，找点乐子，让冲动系统享受当下，让过度劳累的冷静系统喘口气。

疲劳的意志力

在意志力耗尽之前，我们的自控力和延迟满足的能力是否存在极限呢？由于被过度使用，意志力会逐渐枯竭，这就是"疲劳的意志力"，这一概念是所有关于意志力和自控力本质的主流科学理论的基本内涵，它对于我们如何看待自身的自我调节能力具有重要意义。

罗伊·鲍迈斯特和同事们的研究认为，**意志力是一种重要却有限的生物资源**，在一段时间内很容易被耗尽。根据他们提出的"自控力的力量模型"[1]，**自控力取决于建立在有限资源基础之上的内在能力**。这里所谓的"有限资源"与"意志"的传统概念非常相似，即认为它是一种固化的本质：有些人拥有很多，有些人则很少。根据这一模型，自控力很像是一种肌肉：你如果积极地调动努力，就会出现"自我损耗"，这块肌肉很快就会疲劳。此时，对于很多需要自控力才能完成的任务而言，你的意志力和战胜冲动行为的能力就会暂时消失，继而影响几乎所有的能力：从身体耐力、心理耐力到理性思考与解决问题，从抑制反应、控制情绪到正确选择。

假设在公司的年度招待会上，你非常饥饿，急需一点零食。面对诱人的新鲜出炉的巧克力豆曲奇，如果你能努力放弃曲奇，坚决只看蔬菜拼盘，根据自控力的力量模型，如果此后立即出现了其他需要自控力的任务，你的能力就会降低。对这一观点的证据出现在一个经典的实验中，该实验已经成为研究自我损耗的原型。在俄亥俄州的凯斯西储大学，选修心理学导论的学生必须参与一项心理学实验，鲍迈斯特教授会安排学生在他的实验室完成"萝卜实验"。[2] 实验要求学生在来之前要禁食，因此他们在参加实验时都非常饥饿。进入实验室后，学生们会按照要求放弃诱人的巧克力豆曲奇和糖果，吃一些萝卜，然后马上做几何题，而且这些几何题都在他们的能力范围之内。研究发现，与另外一些被允许吃巧克力豆曲奇和糖果的学生相比，这些学生很快就会放弃。

在其他上百项实验中，研究者都证实了类似的结果：在时间点1上实施自控力会降低随后的时间点2的自控力。无论要求学生实施自控力的活动是什么，都会出现这一结果。[3] 比如在观看关于核污染土地上的野生动物的电影《狗的世界》时（这部电影很容易引起强烈的情绪共鸣）要求人们压抑自己的情绪反应；再比如让人们做好准备想象一头白熊，然后要求禁止想它（如果觉得听起来很简单，可以试试看）；抑或对同伴的恶劣行为表示友好。

意念可以战胜肌肉

在很多类似的研究中，学生们确实会在随后的活动中降低努力的程度。但是后来的研究显示，导致人们减少努力的因素可能并不是研究者们最初设想的原因。[4]当单调的工作升级时，对自控力的要求也会相应提高，如果没有相应的激励，学生们的注意力和动力就会转移。他们可能会认为自己已经足够配合实验者的要求去完成无聊的任务了，于是开始厌烦，所以他们并不会耗尽他们的意志力"肌肉"。比如这样的一个实验任务，先要求学生们在五分钟的时间内把一篇打印稿中所有的字母"e"去掉，然后要求他们重复一次，这次是去掉后面没有元音的字母"e"。如果在这种无聊的任务中给予人们足够的激励，他们是可以继续坚持的。如果实施自控的动机增加，实施自控的努力才会增加；如果动机没有增加，努力也不会增加。[5]根据这一解释，自控力的降低并不是一种资源的丢失，而是反映了人的动机和注意力的变化。

被艰苦的工作累垮后那种筋疲力尽的感觉是真实且常见的。但是我们都知道如果有足够的动机，我们是可以保持前行的，有时甚至是带着更高的热情前行。比如在热恋之时，无论我们经历了多么疲惫的一天、一周或一个月，无论多远，我们都可以奔赴所爱的人。而对于某些人而言，疲惫的感觉并不会促使他打开电视机，而是去健身房跑步。关于努力坚持的动机解释理论认为：我们有时会变得精力充沛，而不是筋疲力尽，有时需要放松休息，犒劳一下自己，让内心的"蚱蜢"现身，决定这些的是我们的思维定式、自我标准和目标导向。

如果坚信完成艰巨的任务可以产生动力，而不会带来消耗，这种信念会让你免于疲劳吗？实际上答案是肯定的：当引导人们认为困难的任务让人精神焕发，而不会把人掏空时，他们再次完成任务的表现是有所提高的。比如，如果人们已经相信控制自己的表情（而不是把自己当下的情感表现出来）可以让自己充满活力，然后与人握手时就会表现得更有力度。在进行信念引导之后，人们的表现并没有因为之前的努力削弱，也没有发生自我损耗。[6]

斯坦福大学的卡罗尔·德韦克和同事们通过研究发现，有些人相信他们的耐力在艰难的心理消耗之后会自行恢复，这样的人在经历心理消耗后并不会降低自己的自控力。[7]相比之下，有些人相信他们的能量会在大量消耗之后耗尽，这些人的自控力确实会下降，并且必须经过休息才能恢复。

后来德韦克团队在三个时间点对参与实验的大学生进行了跟踪研究，最后一次是在需要高度自我管理的期末考试阶段。那些相信意志力是一种无限资源的学生在高压的考试阶段进展更加顺利，相比之下，持有限资源理论观点的学生则反馈说，他们在此期间吃了很多不健康的食品，经常拖延，无法进行有效的自我管理。这些结论说明，**我们如何看待自我、如何看待自我的控制能力是非常重要的**[8]，同时也否定了如下观点：我们在实现目标时努力的能力是一种无法改变、生物性驱动的过程。

如果你能够控制奖励：自我奖励的标准

不需要做实验或咨询哲学家就可以知道，过度使用意志力和缺乏意志力都会产生自我挫败感。**不断工作，总是推迟满足，总是为了得到更多的棉花糖而等待，这些可能并不是明智的选择**。如果世界到处都是通货膨胀、银行破产、无法兑现的承诺收益，那么我们有很正当的客观理由去按响铃铛、拒绝等待。主观原因也很有说服力，如果走向极端，延迟所有的欢乐，放弃快乐的消遣，不去体验各种情绪，不去经历可能的生活，延迟满足就会导致生活变得无趣而令人窒息。我们既是蚂蚁，也是蚱蜢：为了一个可能出现的未来而丢掉冲动系统，让自己长期处于冷静的认知系统的控制之下，这会让人生索然无味；同样，反过来也会让人失望至极。

我们什么时候会认为自己有资格做一回蚱蜢，而不像蚂蚁那样为了未来不停工作呢？我们什么时候才能允许自己放松一下，把自己交给冲动系统接管，用自己内心的"棉花糖"犒劳一下自己，忘记那些等待回复的邮件和待办事项呢？从无所事事中发现乐趣、计划之外的海滩周末、说走就走的大城市旅行，或者就是在家休息、享受生活，我们怎样才能具有这样的决心呢？我们虽然不必像头版头条里那些跌落神坛的英雄人物·样去做傻事，但是我们确实需要一些规则的指引。何时可以暂停自控，允许自己享受一下当下的乐趣？何时必须推迟这些乐趣，为了今后更大的回报而保持前行？我们怎样才能建立这样的规则呢？其中的答案对于我们抚养孩子，对待自我都具有直接的意义。

今天美国中上阶层的父母基本都过着以孩子为中心的生活，为了给孩子最多的"品质时间"，下班后就冲回家里，给孩子们灌溉情感与奖励，让孩子们主宰一切。在麦当劳就经常可以看到这样的情境，孩子们就因为汉堡包需要等几分钟就肆无忌惮地尖叫，而他们的父母则听之任之。相比之下，法国巴黎的父母就可以把学龄前儿童带到优雅的餐厅用餐[9]，当父母享用开胃酒的时候，孩子们可以安静地等待他们的豌豆牛肉。为了养育理想的孩子，曾经有一位华裔美国妈妈列出了一份长长的需要禁止的行为清单[10]，包括在外过夜、约会、电视、电子游戏、成绩低于 A 等。这就是 2011 年蔡美儿在她的《虎妈战歌》一书中列举的养育方式，这样培养出的小孩擅长弹钢琴，拉小提琴，还会在所有的（可能除了体育）课程中得第一名。

茱迪斯·哈里斯在几十年之前就曾经说过[11]，养育方式的作用不太大，因为自身的基因和同伴带来的社会化才是塑造孩子的生活方式的两个重要因素。为了让研究结论超越奇闻逸事和个人观点，我们必须通过在现实生活中小心操控各种养育条件来开展实验，而这样的研究是无法开展的。但是我们可以在对儿童有意义的现实条件下，通过成年人榜样示范开展短期实验，来提出并回答关于养育方式的问题。

我对这一领域的研究兴趣始于我的孩子们上小学的时候，她们经常会把自己最引以为傲的作品带回家，比如小女儿用陶土制作的那双蓝黑色人字拖。这一现象吸引我开展了一系列研究，希望能够发现我们在幼年时是如何为自己的成就设定标准的，当我们达到这些标准时，我们是如何奖励自己或是不奖励自己的。转化成科学研究问题就是：指引这种自我奖励和自我调节的社会化经验与潜规则是什么呢？什么时候儿童会产生意志力疲劳，决定庆祝一下，放纵一下，奖励一下自己呢？什么时候他们会在达到严格的标准之前一直坚持，延迟满足呢？又或者，持续努力本身就是快乐吗？

示范自我标准

榜样的确会对我们成为什么样的人产生深远的影响，因此我特别希望通过研究发现，儿童时期开始形成的自我评价和自我调节的标准是如何被榜样引导的。成年人榜样的性格和行为影响了儿童会学习什么、模仿什么、为他人传递什么。[12] 在开展棉花糖实验的同一时期，我在斯坦福和学生一起通过实验研究了儿童是如何形成他们自己的标准的。在研究中，我们首先对成年人榜样的特点和自我奖励行为进行控制，然后观察在成年人离开房间后，他们的影响会怎样融入儿童的自我标准。[13]

我和学生罗伯特·利伯塔尔在斯坦福附近的地方小学校中挑选了一些 10 岁左右的四年级男孩和女孩。我们分别为每个儿童介绍了一个年轻女士（榜样），她会给孩子们展示"一种保龄球游戏"，并声称玩具公司需要测试这款玩具的受欢迎程度。这是一个小型的、三英尺长的保龄球道，一端有信号灯显示每次掷球的得分。球道尽头的目标区域被遮挡起来了，所以投球者无法看到球击中了哪里，只能看到信号灯显示的分数。分数显示与实际的投球表现并无关联，但是在投球者看起来完全可信。在"榜样"和孩子们触手可及的位置有一大碗代币（彩色扑克牌），他们可以用来奖励自己。有人告诉他们，最后可以用这些扑克牌换取贵重的礼物，扑克牌越多，礼物就越好。大家在房间里看到了包装精美的礼物摆在一起，但没人说过是什么礼物。

按照我说的做？按照我做的做？

在游戏过程中，"榜样"和孩子们轮流掷球一次。为了模拟不同的抚养风格，我们创造了三种情境，"榜样"会用不同的方式奖励自己的表现，并引导儿童用不同的方式对他们自己的表现进行评价和奖励。每个儿童只参加其中的一种情境。

在"统一严格"情形下，"榜样"会用同样严格的方式对待自己和儿童。当她自己的分数达到 20 分之高时，只取一张纸牌代币，并会用语言肯定自己的表现（"这个分数很好，值一张纸牌"，"我真为这个分数自豪，应该奖励自己一张纸牌"）。只要分数低于 20 分，她就不会拿走代币，并且会批评自己（"这个分数不太好，不应该得到纸牌"）。她会使用同样的方式对待儿童的表现，表扬高分，批评低分。在另外一种"榜样严格、儿童宽松"的情境中，榜样对自己很严格，但对儿童很宽松，并引导儿童对较低的分数进行自我奖励。而在"榜样宽松、儿童严格"的情境中，榜样对自己很宽松，但对儿童很严格，仅允许儿童对最高的分数进行自我奖励。

当孩子们都分别参加了一种情境的实验之后，他们会单独掷球，而且可以随意领取代币。这时，我们暗中观察了他们的自我奖励行为。在"统一严格"情境下学习游戏规则的儿童采取了最为严格的自我奖励标准，因为"榜样"鼓励他们只对最高的分数进行奖励，并且也使用了同样严格的标准对待自己。[14]如果示范标准与规定标准一致，即使标准十分严格，即使孩子们十分渴望得到奖励，"榜样"不在时儿童也可以毫无偏差地使用这一标准。研究同时显示，如果孩子们认为"榜样"的力量很大，并掌管着很多诱人的零食和奖品，上述研究结果就更为显著。

那些被鼓励宽松对待自己的孩子，即使他们看到榜样是严格对待她自己的，他们在试验后独自掷球时也保留了宽松的尺度。在另一个小组中，孩子们被要求严格对待自己，而看到"榜样"是宽松对待她自己的，有一半的儿童保持了他们已经掌握的严格标准，另外一半使用了他们在"榜样"身上观察到的较为宽松的标准。这一研究说明，如果你想让孩子使用较高的自我奖励标准，好的做法是先对自己的行为使用高标准，并给孩子做榜样。[15]**如果你的行为不一致，对孩子严格，但对自己宽松，他们很有可能会使用你示范的宽松的自我奖励标准，而不是你要求他们使用的严格标准。**

激励与努力：绿色小组

让我们走出实验室，看看能够激励人们达到自控力极致的心理条件和人类品质，一个典型的例子就是美国海军的海豹突击队。2012

年，马克·欧文（笔名）在自传中描述了他和队友对奥萨玛·本·拉登实施的突袭行动。[16] 这部惊险小说不囿于突袭行动中的兴奋，重点描绘了对抗意志力疲劳的那些动机和训练，正是这些训练塑造了像马克一样的人们。

马克的父母是阿拉斯加的传教士。初中时，他读到了《绿面人》（*Men in Green Faces*）这本书，作者就是海豹突击队前队员。书中描述了海豹突击队队员在越南湄公河三角洲地区为搜寻一名残暴的北越上校而开展的交火和伏击。马克读到第一页就入迷了，很快就确定自己想要加入海豹突击队："我越往下看，就越想要知道自己能不能胜任。在太平洋训练冲浪时，我认识了几个跟我很像的人，在对失败的恐惧的驱动下成为最好的战士。每天能够与这样的人一起服役，并受到他们的激励，我感到非常荣幸。"[17]

海豹突击队的训练是残酷的，要在零下温度或沙漠的热浪中没完没了地跑步，极端的身体挑战包括推汽车和巴士，在实弹射击训练房中真实、永远无法预测的战斗条件下进行搜寻和射击。对于像马克这样的人来说，做到 100 个引体向上就是更上一层楼的标志，接下来的目标就是要再加 30 个；突破自己的最好成绩，是一个不断刷新的目标，是他们一直努力超越的自我标准，而不是感到疲惫和允许自己放弃的信号。在一次项目中，每个班都有 75% 的队员没有完成训练，而马克最后成功进入绿色小队，这是有资格接受选拔进入（只是有可能）杰出的海豹六队的最后一步。海豹六队负责执行最危险、最艰巨的猎杀任务，如果入选，马克就实现了他毕生的夙愿。

马克的经历和成功证明了意志力的内隐理论的重要性：**愿意无限进取的开放心态，能够为所有努力与坚韧提供燃料和补给的熊熊燃烧的目标，能够提供支持和榜样激励的社会环境，所有这一切的合力才能使人们为了实现真正的卓越而不断地训练与约束自我**——无论是在卡耐基音乐厅演奏巴赫，获得诺贝尔物理学奖，连续获得奥运会金牌，还是从南布朗克斯的贫穷走向耶鲁，进入海豹突击队，或者在学龄前——15分钟感觉就像一生那么久——为了得到更多的棉花糖而等待。

PART 4

从实验室到生活

我在第一部分和第二部分从棉花糖实验讲起，展示了学龄前儿童用来自我控制的策略。第三部分介绍的是：同样的自控力策略可以让成年人为了准备退休而推迟当下的享乐；成功的自控力策略背后是相同的作用机制，可以使心碎的人抚平伤痛，帮助拒绝敏感的人维护社会关系，激励疲惫的海豹突击队员做更多的引体向上。总结起来，关于自控力的相关研究已经发现的重要结论有以下 5 个。

　　第一，不足为奇的是，有些人抵制诱惑和调节痛苦情绪的能力比其他人要强一些。

　　第二，意外的是，这些差异最早在学龄前就可以显现，对于大多数人（但不是对所有人）而言是长期稳定的，并且可以高度预测一生的心理和生理状况。

　　第三，传统观念认为，意志力是与生俱来的品质，人们要么拥有很多，要么没有（无论是哪种情况，都是无法改变的）。但这种观念是错误的，真实情况是，自控力技能（无论是认知方面，还是情绪方面）是可以习得、加强并驾驭的，可以在你需要的时候自动激活。这对某些人来说比较容易，因为诱惑和情绪冲动的满足对他们而言没有太大吸引力，并且他们也更善于让这些冲动冷静下去。无论我们天生多么擅长或不擅长自控，我们都可以提升自控力技能，同时帮助我们的孩子做到。同样，我们也有可能无法掌握自控力技能，或者即使我们掌握了丰富的自控力技能，但缺乏必要的目标、价值观和社会支持去有建设性地使用它。

第四，我们不必成为社会和生物进化史中的牺牲品。自控力技能可以保护我们不被自身的弱点伤害；虽然自控力不能彻底消除这些弱点，但可以帮助我们更好地与之共处。比如，高拒绝敏感，但自控力良好的人，更有能力维护那些他们十分害怕失去的人际关系。

第五，要掌握自控力，需要的不仅仅是决心，还需要策略与洞察力、目标与激励，只有这样，才能轻松地形成意志力并保持下去（也就是我们常说的毅力）。最终形成的自控力就是对这一努力过程的最好回报。

在第四部分中，我会从实验室回归生活，首先看看这些研究成果是如何与公共政策直接对话的。然后我会总结并展示一些可以让我们和孩子们在日常生活中更加轻松、自然地掌握意志力的核心策略。在最后一章中，我将讨论自控力的相关研究和人类大脑的可塑性是如何改变"我们是谁"这一观念的。

第 18 章

棉花糖与公共政策

很多年以前，还在纽约州立大学临床心理学读研究生时，我曾经做过非专业的社会工作者。在曼哈顿下东区（当时被称为"贫民窟"）的一家名为"亨利街安置点"的机构，我遇到了一群来自贫困家庭的儿童和青年。在学校学到的那些经典的临床心理学理论和方法激起了我的好奇心，让我迫不及待地想要将其应用到我的社会工作中。

一天晚上在亨利街上，一群青春期男孩围着我，听我讲故事：一个男孩的哥哥被关押在州立监狱，即将被执行死刑，这个男孩怀有很大的敌意，我试着用自己刚刚形成的一点见解去解释这个男孩愤怒的心理。孩子们听得很专注，似乎还想知道更多。突然，我闻到了烟味，我发现有人从后面点着了我的外套。把火熄灭后，我才意识到我学到的那些有趣的临床方法和概念根本用不上，或者说，至少对于那些我想要帮助的年轻人来说没什么作用。认识到这一点是促使我走向科研工作的第一步[1]，我希望能够找到有效的方法去帮助亨利街上像他们一样的儿童，让他们的人生有所转变。

半个世纪后，我从一些教育工作者那里得知，他们正在尝试将自控力和延迟满足的研究成果应用到他们所面临的巨大挑战中：在当时的美国社会，处于经济和成就阶梯最高端和最低端的人群之间的差距不断增大，公立教育体系开始退化。能够遇到这些敬业、有创造力、正在改革创新的教育领导者是激动人心的。我有幸能够肤浅地了解他们的工作，学习他们正在尝试的创新方法，见证了他们的成功、挫折和挑战。他们为了培养学生取得成功所需的必要品质而付出的努力，他们想要将研究成果应用到日常工作中的迫切心情，激励了我撰写本书。在这一章中，我会介绍从自控力研究中得到的结论是怎样融入教育干预的，及其对公共政策的重要意义。

可塑性：可教的人类大脑

过去 20 年间，科学家们揭示了人类大脑的可塑性，一场关于如何理解人类本质的变革正在悄无声息地慢慢累积。**其中一项意外发现是，支持执行功能的前额叶皮质区域具有极强的可塑性。**[2] 正如本书所介绍的，执行功能可以让我们在追求目标和价值的过程中对冲动反应进行冷却与控制，并对情绪进行适应性调整。

执行功能对于人生发展的重要意义毋庸置疑，特别是它能够让我们通过自控力摆脱冲动反应对我们的控制。但它是否能够对公共政策产生影响，取决于我们是否认为执行功能的技能和自我控制的潜力本质上是与生俱来的并且是固化的。如果是这样的，任何干预措施都无法发挥作用。但如果这些是可塑的，那么这对公共政策就具有十分深远的意义，需要教育界付出努力去对这些技能进行强化，而且越早越好。

我们现在已经知道的是，当学龄前儿童为了得到更多的棉花糖而等待的时候，他们大脑中的前扣带回皮质和外侧前额叶区必须活跃起来。这些区域是冷静的认知系统的关键部位，对于孩子们控制情绪系统的冲动性至关重要。试想，当我透过惊喜屋的观察窗观察孩子们的时候，功能性磁共振成像尚有几十年才能被发明出来，那个时候我无法得知孩子们面对奖励时在想什么。后来一些控制实验中的干预措施证明，直接训练执行功能不仅会改善自控力，还会改变相关的大脑神经功能。

2005 年，迈克尔·波斯纳领导的一支研究团队通过实验展示了在训练与基因的共同影响下，学龄前儿童是如何通过认知和注意力控制技能冷却他们的冲动系统的。[3] 研究人员让 4—6 岁的儿童连续 5 天参加注意力训练班，孩子们会在课程中玩一系列电脑游戏，这些游戏都是为了增强他们各方面的注意力和控制能力而设计的，特别是他们能够牢记目标，并集中注意力实现目标，同时抑制冲动打扰的能力。比如在一个游戏中，他们会通过操纵杆跟踪屏幕上的一只卡通猫，任务就是把猫移动到草坪区域，同时绕开泥泞区域；在游戏过程中，泥泞区域会逐渐扩大，草坪区域逐渐缩小，因此他们的任务难度会逐渐加大。

研究人员试图回答的问题是：如果这些儿童今后参加其他的注意力控制的标准测试时，这次的训练经历会影响他们的得分吗？与另外一个无培训控制组相比，这一组儿童的控制力确实显著提高了——考虑到培训的简单性和时间限制，这算是一个令人激动的发现。更令人惊讶的是，这次短暂的训练还有助于提高非语言智商测试的成绩。

同一支研究团队继续开展了其他的相关研究，旨在证实：某些特定的基因可以影响儿童对负面情绪的冷静与控制，降低亢奋，并决定注意力和控制力。比如 DAT1 基因会在多巴胺相关疾病的产生过程中发挥作用，包括注意缺陷多动障碍、双相情感障碍、临床抑郁症和酒精中毒。对于公共政策而言的好消息是，研究人员发现，即使是具有遗传性脆弱的人，也可以通过干预措施显著加强他们的注意力控制，特别是通过成长过程中良好的教育和养育技巧。这正是先天与养育无缝对接的相互影响。

鉴于执行功能对于发展社会技能、认知技能和自控力方面的重要意义[4]，有必要了解一下不列颠哥伦比亚大学的阿黛尔·戴蒙德的研究。该研究旨在通过测试发现，通过学龄前的简单教育干预，执行功能是不是可塑的和可教的。戴蒙德和同事们于 2007 年在《科学》杂志发布了他们规模最大的一项研究成果。他们设计了一套加强执行功能发展的"心智工具"课程，集中面向学龄前儿童（平均年龄 5.1 岁）开放，每日完成 40 项活动。这些活动包括游戏化的练习（孩子们自己告诉自己应该做什么），戏剧扮演，简单提高记忆力的训练任务，学习如何有目的地集中和控制注意力。戴蒙德的研究团队在低收入校区的 20 多个课堂上完成了针对执行功能的"心智工具"课程教学，然后比对同样校区里涵盖类似的学科内容，但并没有针对执行功能发展的、标准的、均衡化的读写课程的教学效果。为了排除可能由教学能力导致的差异，所有课堂都使用完全相同的教学资源，而且授课教师也接受了相同时长的培训与支持。同时，所有儿童均来自同一社区，年龄与背景相当，并被随机分配到两个教学组中。

当这些儿童进入幼儿园第二年时，对两个组别的执行功能进行标准化的认知和神经测试，结果比对显示"心智工具"课程组以明显的优势获胜；而且，该课程对于初期执行功能水平最低的儿童而言最为有效。实际上，"心智工具"课程组中儿童取得的进步是十分令人惊叹的，因此在第一年结束时，其中一所学校的教育工作者们坚持结束实验，以便使控制组中接受标准的均衡化读写课程的儿童也可以参加"心智工具"课程。

采取干预措施对执行功能进行增强并不限于学龄前阶段。对于在学校成绩不好的 11 岁至 12 岁儿童[5]，只需要进行几个小时的训练，就可以帮助他们使用特定的"如果-就"实施计划和策略，显著改善他们的作业成绩、平均分数、出勤和行为表现。在另一项研究中，患有注意缺陷多动障碍的儿童接受了为期 5 周的训练来改善他们的"工作记忆"[6]——短暂保存信息所需的记忆力（比如你听到一串 7 位数电话号码后，需要记忆足够长的时间来拨号）。工作记忆是人们在实现目标过程中必须使用的执行功能的一个关键因素。该项训练不仅提高了孩子们的工作记忆，还减少了他们的多动症症状和问题行为。

简单的冥想和正念训练也可以显著改善执行功能。[7]正念训练可以让人们以当下为中心集中注意力[8]；你可以让自己毫不费力地意识到出现的每一种感受、直觉或想法，不加评判和解释就接受与承认你所经历的一切。让一组年轻人连续 5 天接受每天大约 20 分钟的训练，再结合简单的冥想，与使用相同时间进行标准化放松训练的控制组进行比较，正念训练减少了负面情绪，减轻了疲劳，降低了对于压力的心理和生理反应。正念训练还可以减少分心，促进专注，并提高大学生在标准化考试中的成绩，比如很多美国研究生院的入学考试 GRE。

同样，普通成年人和老年人也可以从加强执行功能的简单干预措施中获益。其中两种干预措施的效果最为显著[9]：一个是体育锻炼，即使是短期内坚持的少量运动；另外一个就是任何能够减少孤独、提供社会支持、加强个人与他人之间联结的事物。

启示：科学界对公共政策的共识

总之，能够增强执行功能的有效干预措施是确实存在的。根据美国儿童发展科学委员会的报道，这些干预措施对于公共政策的意义也是同样的。该委员会中有一支德高望重的科学家团队始终致力于研究持续压力的破坏作用，而持续压力正是生活在极端贫困条件下的儿童的典型特点。科学家们研究了可以显著降低压力水平的潜在干预措施，于 2011 年达成了确切的一致共识：强大的执行功能对于儿童在一生中充分发挥潜能至关重要。越来越多的有说服力的证据表明："有针对性的早期干预项目可以提升这些能力；在设计早期培养和教育项目时，应该更加重视发展这些技能。"[10]

科学委员给出的这些建议所到之处，都会引发极大的热情和采取行动的呼声。但可能是由于他们的结论严格遵循从最理想的研究中得到的数据，避免了任何的情绪痕迹——这些建议往往埋没在研究档案中，只得到其他研究人员点头认可，或是埋没在媒体发来的只言片语的祝贺中。也有媒体适时地指出，我们社会中存在的巨大的成就差距让人绝望，毁灭了底层人民的生活，这正是该项研究的"主题"，这些社论增加了人们的热情。正如一位专家所说，有无数的学龄前儿童还不知道一本书的封面和封底之间的区别，这些儿童的生活中没有人给他们讲故事，他们的想象力也从未被激发[11]，他们几乎不与人对话，他们饿着肚子穿过危险的街道走进贫困学校，回家后面对的永远是嘈杂的电视和不断争吵的家庭氛围。高压是这些儿童的常态。

鉴于如此广泛存在的残酷现实，出于对儿童发展的担忧，创新人士正在努力让科学家的结论和建议变为现实，因此他们正在尝试将研究中得到的关于自控力、抵抗诱惑和大脑发展的相关结论纳入教育课程。有些教育者正在通过教育改革项目提高针对学龄前儿童的自律和情绪健康教育的有效性，他们自身对于这些改革项目的看法也受到创新人士的影响。

曲奇怪兽的社会化

创新改革人士所设计的最为著名的儿童早期教育成果之一就是《芝麻街》——由芝麻街工作室出品的针对学龄前儿童的系列教育节目。该节目在全球播放，目标就是教育并娱乐学龄前儿童。我最近有幸与芝麻街工作室杰出的"教育和研究"团队一起探讨如何尝试通过曲奇怪兽社会化来示范自制力技能。我强调"尝试"将其社会化，是因为曲奇怪兽肯定有自己的思想。它代表了原始的内心欲望，特别是对饼干（最好是巧克力碎饼干）的欲望。驱动它的是冲动系统，与之松散连接的尚为原始的前额叶皮质似乎主要致力于帮助它寻找更多的曲奇，而没有兴趣帮它抑制对曲奇的特殊冲动。这个冲动的大眼睛蓝色怪物性格放荡不羁、独断专行，经常得意扬扬地大声宣称："我喜欢曲奇！我要吃曲奇！"它会把自己所到之处的所有曲奇吞噬得一干二净。在第 43 季和第 44 季中，《芝麻街》给它设计了一个挑战 [12]：为了帮它争取加入优雅、尊贵的"曲奇鉴赏家俱乐部"的机会，让它练习给冲动系统降温，从而控制它那肆无忌惮的冲动。学龄前儿童通过观察它得到了学习，这一效果证明：自控力的相关研究可以引导学龄前教育节目的内容和使命。

在一段节目中，曲奇怪兽以游戏参与者的身份出现在屏幕上，背景音乐是海岛风格的林波舞演唱，"好事情只会奔向那些等待的人"。游戏主持人随和而坚定，询问曲奇怪兽是否可以开始"等待游戏"了。

曲奇怪兽："等待游戏"？哦，天哪！想想我有多幸运吧！我要玩"等待游戏"了！什么样的"等待游戏"呢？

主持人：游戏开始后我们会给你一块曲奇！（一块曲奇摆在画架上出现在屏幕中）

曲奇怪兽：哦，天哪！我爱死这个游戏了。曲奇！哦吼！（曲奇怪兽冲过去想要吞掉曲奇，但曲奇被主持人一把抓走了）

主持人：要等待！

曲奇怪兽：吃曲奇需要等待？说什么疯话呢！我为什么要等待？

主持人：因为这是"等待游戏"，如果你能够等到我回来后再吃曲奇，你就可以得到两块曲奇！

　　课堂就这样展开了，主持人再次解释规则："如果你能够等到我回来后再吃曲奇，你就可以得到两块曲奇！"大约只有 1 秒钟的时间，曲奇怪兽觉得这是一个好主意："我会等待的。"然后主持人祝它好运，但是曲奇怪兽很快就产生了冲动："哦，我在开玩笑吗？我可不能等！我现在就要吃曲奇！"然后它一下子就扑向了曲奇，但是被"等待游戏歌手"的歌声拦住了，"好事情只会奔向那些等待的人"。

　　歌手们解释说，如果等待的时候实在难受，唱歌是一个很好的应对策略。曲奇怪兽就试了，但还是等不了，也不想等。"管它呢！我把它吃了！"歌手再次打断他："你需要换一个策略。记住，好事情只会奔向那些等待的人。对，好事情只会奔向那些等待的人。"

课堂继续，曲奇怪兽学会了一个办法：假装曲奇是在一个相框里，它用手指在空中画了一个相框，然后就拖出一个真实的相框，再把曲奇放进去，它摆弄着自己的大拇指，"嘀嘀嘟嘟"地哼着，但很快又产生了吃曲奇的冲动。它不断学到新策略，也更有办法了，逐渐地，它惊奇地发现自己也可以发明一些策略："我需要换一个策略。哈哈！我玩一会儿玩具，就可以把我的想法从曲奇上移开了。"它拿起一只毛绒小狗，开始给它唱歌，跟它一起玩，玩腻了之后它又发明了一个新方法继续。"我假装好吃的曲奇是一条小鱼。"这时曲奇被变成一条鱼并摆在画架上，它一边等一边挥手赶走空气，就好像闻到了臭味。又过了一段时间，很长一段时间，它做出了很多努力，而且也越来越有毅力了，它在"等待游戏"中获胜了，它跟着音乐得意地唱着："好事情只会奔向那些等待的人。"

芝麻街工作室有两年的时间都在设计自我管理的节目，这只是其中的一集。《芝麻街》在2013—2014年播出了很多种形式的自我管理课程，由大家喜爱的卡通形象——从曲奇怪兽到喜欢藏在垃圾桶里的奥斯卡——以滑稽和冒险的方式表现出来，使人愉快而难忘。这些节目通过有趣的短篇故事吸引学龄前儿童，还教会了他们自控力的关键内容，以及执行功能、自我克制和自我情绪管理所需的多种策略与技能。

《芝麻街》的教育研究人员做了许多努力去客观地评估他们的节

目的影响力。[13] 多年以来，他们收集的很多证据都表明，他们的节目与很多积极结果之间都存在关联，包括更好的入学准备和更大的学业成功。虽然经常观看《芝麻街》的孩子们确实表现比较好，但我们无法得知这是因为节目的教育，还是因为这些孩子的父母更喜欢把电视调到教育节目上。最有可能的是，这两个因素都有助于使这一节目更有效果——不仅可以让孩子们充实和快乐，还可以帮助他们掌握必要的技能，学会重要的关于社会、道德和认知的生活课程。

从曲奇怪兽到 KIPP 学校

很多知名科学家都担心有害压力会影响婴儿的大脑发育，并因此使他们更容易受到心理和身体疾病的伤害。他们指出，那些社会经济地位最低的人群因各种疾病而导致的发病率和死亡率更高，并遭受到"劣势生物学"（从孕期开始就长期生活在持续压力下所导致的生理和心理后果）的影响。[14] 对于那些与社会经济地位最底层人群一起工作的教育者来说，挑战在于如何帮助孩子、父母和养育者克服这一劣势。最有希望的途径就是尽可能早地向他们提供接受教育的机会，这样可以帮助他们登上社会经济地位的上升阶梯。但应该上什么样的学校、用什么样的方法呢？

美国的公立学校，特别是位于贫困学区的公立学校，教育现状可谓堪忧，这引起了广泛的关注。在整体严峻的背景下，鼓舞人心的消息是：在过去约十年的时间里，各种创新的教育干预措施正在被加速开发出来，尝试将关于大脑发育、延迟满足、自我控制和自律的知识纳入课程体系。有很多项目正致力于在不同的学校背景中使教育产生更好的效果，特别是那些在"劣势生物学"影响之下的儿童所在的学校。

我在这里着重介绍一个非常有希望的项目，他们将教学与心理科学的研究前沿进行了紧密结合，这就是纽约市的 KIPP 学校，也就是那所帮助乔治·拉米雷斯找到人生方向的学校。2012 年秋季，纽约市共有九所 KIPP 学校，第十所正在建设中，我参观了其中的四所。KIPP 代表"知识就是力量"，这一自豪的口号遍布整个校园。由于这个项目致力于为生活在社会经济地位最为贫困的地区的儿童提供教育，因此我想看看该项目在现实世界中的进展情况，具体的目标就是了解这类学校可能会带来怎样的变化。

对于各种想要改变公立学校教育的尝试，KIPP 都是典范。[15] 我对 KIPP 的了解来自戴夫·莱文，他 40 多岁，看上去拥有无穷的精力，是推动 KIPP 集团特许学校的领军人物。这些学校在教室的墙上挂满了各个大学的横幅，致力于帮助孩子们从幼儿园开始就为考上大学而进行准备。超过 86% 的学生是来自市中心贫民区的少数族裔儿童。[16] 孩子们每天 7 点半到校，下午 4 点半或 5 点放学，夏季会有两三周的补课时间，很多学校还鼓励父母参与或参观教学。由于希望得到，也值得拥有入学机会的学生太多了，没有足够的学位接纳他们，因此需要通过抽签的方式选择学生。纽约市 KIPP 学校的建设参照的是戴夫·莱文和迈克·范伯格于 1994 年在得克萨斯州休斯敦的一个五年级课堂开展的项目模式。到 2014 年，全国将有 141 所 KIPP 学校，容纳大约 5 万名 K-12（学前教育至高中教育）学生。

我参观的其中一所学校——"KIPP 无限小学"位于哥伦比亚大学北边和纽约城市学院南边之间的曼哈顿黑人居住区，主要人口为西班牙语裔和非洲裔美国居民。这所 KIPP 学校建成于 2010 年，拥有大约 300 名从学龄前到四年级的学生，超过 90% 是西班牙语裔和非洲裔学生，同时 90% 的学生有资格申请面向低收入家庭的减免成本午餐。学校里打扫得干干净净，灯光明亮，家具和设备舒适而时髦，因此格外有吸引力。我小时候就读于纽约市公立学校，近年来为了开展研究工作也参观过一些公立学校，相比之下，这所 KIPP 学校仅仅在面貌上的巨大差异就给了我很大的惊喜。

我随意走进了一个一年级教室，发现孩子们正在专注地听老师平静地讲话。马上就有一个叫马尔科姆的小男孩走过来跟我打招呼，他声音轻柔、很有礼貌地向我介绍了自己，然后热情地主动与我握手，同时询问了我的名字，欢迎我来到他们的"哥伦比亚大学狮子班"。当他带我进入教室时，老师正在宣布当天上午"命名日"的当选学生——不是为了过生日，而是每天都为一个不同的学生进行热烈的庆祝，此时全班响起了击鼓声和欢呼声。

每一个班级都用一所大学的名称命名，墙上挂着的激动人心的标语条幅是经过大家反复讨论而确定的。比如，UNITE 是理解、坚持、想象力、大胆、探索的首字母缩写。教室里有一个区域放着一把"恢复椅"，或叫作"反思椅"，这并不是早些年的墙角罚站，而是在孩子们感觉快要失控时，或者老师相信马上会发生什么事情时，让孩子们过去以便冷静下来。椅子旁边有一个沙漏计时器，墙上贴着一些帮助孩子们自我缓解情绪的标语："远离让人冲动的情况""深呼吸""倒数""想象你的愤怒装在氢气球中正在飘远"等，这些策略有助于孩子们冷静下来，恢复控制，从冲动感受迈向冷静思考，之后他们就会离开这把椅子，回到自己的座位上。

玛德琳，10岁，五年级，我见到她时，她在KIPP已经快一年了。她从同一幢大楼里的公立学校转学来到KIPP。[17]玛德琳说公立学校"非常冷漠"，但是"这里的老师们更加严格，对我们有更多的期望"。她继续热情地介绍："我想我的学习方式发生了变化。老师们讲课非常清晰。每一天我都会学习新内容，复习旧内容。在这里，我们对待上学更加严肃了。作业增加了，复习也增加了，还会得到自己的学习报告。如果出勤更好、表现更好，你还有机会更新报告中的成绩。报告卡片才算是期末成绩。"

她到了20岁时会做什么呢？可能会是一名医生、兽医，或者是老师，她自己是这么说的。怎么才能实现呢？她想了很久，用了很多细节和例子慢慢地回答了我的问题，"我听的课越多，我学的知识就越多"，她每天晚上会用3个小时做作业，反思自己和自己的变化："我正在学到更多的知识，正在成为一个勤奋的人……我们每一节课有90分钟，每一天都能学到新的知识。"

我问她："什么是社会智能呢？"

她回答说："比如，有东西掉了，不必有人要求，你就会把它捡起来；比如有些事情，你会在别人告诉你之前就想到；比如当有人在课上捣乱时，你不要去理会。"

"什么是自控力呢？"

"这跟社会智能差不多。即使有人在课上做了什么滑稽的事儿，你也不要笑，你必须控制自己。"

她让我想起了另外一个相同年级、正在努力掌握自控力的小孩，他当时耐心地回答我："就是做之前先想想。"

作为一名研究者，我知道我不能从一个小样本中概括。我知道我必须谨慎，避免从短暂的行为中草率得出结论。我必须警惕自己的印象。但我也知道，在 KIPP 的教室里转转，看看这些孩子，了解一下他们的听说能力，看看老师们的教学，让我对这些身处逆境的孩子的未来感到非常乐观。

我不仅感受到了学校风貌中的温暖与亮点，我的冷静系统也同样目睹到：在良好的教室环境中，实验室中得到的结论被敬业的老师们智慧地应用在教学过程中，孩子们在这里的所学即将给他们带来改变人生、树立目标并为之奋斗的机遇。KIPP 展示的是一套教育哲学和教学系统，即将研究成果纳入日常教学和生活方式。它向我们证明：自控力可以被培养形成，鼓励之下可以树立目标，现实的目标可以被实现，好奇心可以被激发，坚持就有回报，最终的回报就是毅力。

我问戴夫 KIPP 学校是否真的能够像乔治·拉米雷斯说的那样"拯救人生"，戴夫坚信 KIPP 没有拯救任何人的人生："我们是啦啦队队长，孩子们正在打比赛，他们肩负重任；我们创造了条件，艰苦的工作必须由每个人自己完成。"他解释说，KIPP 的使命就是帮助孩子们拥有充满选择的人生。选择不是所有人走一条路——没有必要是常春藤大学，甚至根本不必是大学。选择的意义是孩子们对于怎样度过自己的一生拥有完全的选择，与他们的出身无关。

构建"性格技能"

戴夫经常会与我谈起 KIPP 的变化，以及他认为 KIPP 应该进行怎样的变革才能更为有效。20 世纪 90 年代，当 KIPP 刚刚开展的时候，大学以及进入大学所需的学术培训似乎是一本护照，可以让人们摆脱贫困，迈入一个充满机会和选择的世界。因此，从设立之初直到现在，KIPP 的首要目标都是竭尽所能让学生们完成大学学业。戴夫告诉我，在 2013 年大约 3200 名 KIPP 毕业生考入大学，大学毕业率累计达到 40%。与此形成对比的是，背景相似，但没有参加 KIPP 项目的儿童只有 8%~10% 的毕业率 [18]，而美国全国的平均大学毕业率仅为 32%。

戴夫认为，这一成功率反映了一个事实：KIPP 的学生不仅学到了考入大学所需的学术技能，还学会了能够在大学期间以及未来顺利发展所需的性格技能。对他来说，持续面临的挑战是如何最有效地将"性格教育"融入 KIPP 的课程。当他第一次提到"性格"时，我很担心，因为这个词经常被用来形容天生的特质，但在 KIPP 学校里并不是这个意思。相反，"性格"在这里被视为一套可以教授的技能、特定的行为和态度，其中最重要的是自控力，但也包括毅力、乐观、好奇心和热情等。除了在教室里张贴鼓舞人心的口号，请校长在每周例会上发表演讲，KIPP 正在努力赋予性格教育更多的内容，正在尝试使它成为所有学生、老师和辅导员在日常学习与教学工作中不可分割的一部分。

我问戴夫，KIPP 是如何使性格教育在课堂上得到体现、发挥作用的，他认为其中的关键是给学生机会，让他们在学校里实践那些培养自控力、毅力和其他性格技能的关键行为。用他的话说："你如果想让孩子们学会快速克服挫折，在失败后及时恢复，专注地独立工作，就必须在课堂学习中给他们机会做这些事情，这就需要老师在设计课程时为此目的预留时间。"[19] 因此他们的课程会给孩子们充分的时间去做一些需要专注和持续努力才能完成的有挑战性的项目实践，可以独立完成，也可以与一个同伴合作，或者以小组形式完成，但一定不能依赖老师。"其中的关键是教师不再站在班级前面讲授，而是迫使孩子们自己完成重任。"

为了监测性格教育的进展情况，学生们每年都要在几个考核阶段结束时进行自我评价。他们会评估自己在一系列的行为锻炼中的成功概率（从"几乎从不"到"几乎总是"），这些行为锻炼涵盖了每一种性格技能，特别是自控力、毅力、乐观、热情、社会智能、好奇心和感恩。每一种性格技能都使用一段行为描述来进行定义，比如针对"乐观"的描述是"即使事情不顺利，我也可以保持动力"，针对"毅力"的描述为"任何事情，我只要开始做了，就会完成它"。"自控力"被分为两种类型的自律：牢记目标以及工作时保持专注的能力（"我会集中注意力并避免分心"），遇到烦心的人际关系时能够控制脾气和沮丧的能力（"即使被批评或被激怒，我也会保持平静"）。对于"热情"的行为描述是"我会带着兴奋与能量去接触新的环境"。对于"社会智能"的行为定义是"我会对他人的感受表示出尊重"。为了评估学校整体的进步，并防止出现退步，学校会要求教师们使用类似的性格开发量表去观察和评价学生的进步以及老师们自己的进步。虽然尚未为这些增强性格技能的措施进行系统评价，但在这一过程中，学生和老师们至少已经开始使用这样的话语体系去思考与讨论他们是否正在成功地构建理想的性格技能。

当我对 KIPP 致力于在学生身上培养的这些性格技能有所了解后，我想到了棉花糖实验，有些学龄前儿童可以等待，而有些很快就会按铃，十年后在他们的青少年时期（见第 1 章），我们发现将他们区分开的那些品质与 KIPP 的"性格技能"如出一辙。比如对"毅力"的测量，一般使用的是安吉拉·达克沃斯的"毅力量表"，其中包括这样一个项目——"挫折不会让我气馁"。那些在学龄前参加棉花糖测试时等待时间较长的孩子到了青春期时，父母对他们的评价与上述描述几乎一字不差。[20] 激动人心的是，长大后"高延迟"的孩子们所具备的行为和态度，正是 KIPP 学校为了提高学生们未来成功的可能性而努力增强的那些性格技能。

出于许多原因，像 KIPP 这样的学校通常从幼儿园开始，并没有开设比幼儿园更早的学龄前教育。[21] 学龄前阶段的儿童非常脆弱，劣势生物因子开始生根发芽；学龄前也是孩子们开始学习帮助他们应对压力和发展学业成功所必需的认知技能的时候。为了缩小日益扩大的贫富之间的成就差距，奥巴马总统曾在 2013 年的国情咨文中呼吁普及学龄前教育。如果这一呼吁能够转化为实际行动，那么其中的努力能否成功部分取决于能否将科研成果有效地融入学龄前教育。学龄前教育虽然可以提供必要的发展基础，但能否让儿童长期受益就取决于学校和家庭的配合能否帮助孩子们持续使用必要的技能，并进一步发展这些技能，从而构建有意识的行为、自控力、责任心和受到社会重视的生活目标。

奥巴马总统提出要在美国普及学龄前教育，这一提议进展如何仍然有待观察。但是我们有充分的理由相信：更为普及的学龄前教育（不论如何实现）是极其必要的。如果这一提议可以实现，我们也可以提倡并期待：**学前教育学校一定要帮助幼儿发展形成必要的性格技能和动机，去赢得属于他们的机会。**

第 19 章

提高自控力的核心策略与应用

本章即将提到的自控力的概念和策略对你来说可能并不新鲜，因为我在本书中一直都在讨论这两个问题。在本章中，我要把这两个问题放在一起讨论，来看看它们是如何相互联系的，再总结出其中的关键点，并明确如何在日常生活中应用它们实施自控，如果你需要并且也愿意。

首先，抵制诱惑很难，因为冲动系统会严重偏向当下：它会充分考虑当下的收益，低估延迟的未来收益。心理学家已经在人类和动物[1]身上都证明了这种"未来折扣"，经济学家也通过简单的数学模型[2]对其进行了演示。哈佛大学经济学教授戴维·莱布森正在和我一起开展研究工作，他使用模型解释了这样一个问题：虽然他很想定期健身，但为什么总是去不了健身房。人们对未来事物打折的程度会因人而异，他在自己的这个例子中对未来的折扣为5折。对大多数人来说，折扣可能会更大。为了用模型演示这个折扣，莱布森为每一项行为赋予了一定的价值，痛苦或努力用负数表示，收益用正数表示。对他来说，今天健身的努力成本是-6，从健身中获得的长期健康收益是+8。当然，这些数字的大小要取决于做决定的人的价值观。

莱布森这样解释他的拖延症：他可以通过今天健身（努力成本是-6）得到延迟的健康收益（对他而言，未来价值是+8）。对于和莱布森具有相同程度的当下偏好的人们来说，今天健身的净收益为：$-6+\frac{1}{2}[8]=-2$。在这一等式中，因为存在对未来的自动低估，未来价值+8被打了对折，因此他在今天健身的净收益为-2。相比之下，明天健身的努力成本为-6，延迟收益为+8，但是由于二者都是未来价值，因此都会被打个对折：$\frac{1}{2}+[-6+8]=+1$。对莱布森而言，延迟去健身房带来的净价值是+1，要高于今天去健身带来的净价值-2。因此，他很少去健身房。对于成本和收益的衡量不仅存在巨大的个体差异，而且对同一个人的不同活动也存在差异，比如你可能会虔诚地坚持健身，但总是避免打扫衣柜。

情绪型大脑倾向于高估当下的收益，大大低估延迟的收益。鉴于这一特点，**如果我们想要实施自控，需要怎么做呢？我们必须通过"冷却"现在和"加热"未来的方式扭转这个过程。**学龄前儿童已经成功地向我们展示如何做到这一点：通过增加物理距离来冷却当下的诱惑。他们把盘子推到桌子的另一端，坐在椅子上把脸扭到其他方向，通过一些想象制造有目的的分心。无论使用哪种方式，他们都会在心里牢记自己的目标——两块棉花糖。在这一实验中，我们建议他们通过冷静策略帮助自己推迟满足，获得更大的奖励，于是他们通过认知上的变形、使其更加抽象、从心理上远离等方式对当下的诱惑进行冷却，这让他们能够等待的时间比我们能够忍受的观察时间还要长。

基本原则：冷却"现在"，加热"未来"

不论多大年龄，自我控制的核心策略都是冷却"现在"，加热"未来"——把面前当下的诱惑推向遥远的时空，在脑海中把遥远的后果拉近。我和同事们以前开展的戒烟和节食的实验都证实了这种策略的效果（见第10章）。当我们提示参与者关注"未来"和饮食的长期后果（"我可能会很胖"）时，从他们的感受和对大脑的活动记录来看，他们对食物的渴望确实减少了。同样，当老烟枪关注"未来"和吸烟的长期后果（"我可能会得肺癌"）时，他们对烟草的渴望也会减少。如果关注"现在"和当下的短期效果（"感觉会很好"），当然就会产生相反的效果：无法拒绝对烟草和食物的渴望。

走出实验室，当我们的冲动系统迫使我们关注生活中当下的诱惑时，并不会有人提示我们给远期后果升温，给当下满足降温。要想掌握自我控制，我们就必须自己指导自己。这一切不会自然发生，因为在诱惑面前，冲动系统会占据主导地位：它给延迟的后果打折，它比冷却系统启动得更快，而且它加速的同时，冷静系统在减弱。冲动系统的这种主导地位可能对我们的祖先在野外生存是有益的，但在它的驱动之下，我们在屈服于诱惑时放弃了反思，聪明人很容易干傻事。当自控力失败时，即使我们感到懊悔，可能也会转瞬即逝，因为我们的心理免疫系统非常擅长保护和防备我们自己，它会把我们的自控力缺失进行合理化（"我今天过得太糟糕了""都怪她"），不会让我们自己对自己失望太久。在这种机制下，我们想要通过经验学习来改变今后的行为就更不可能了。

"如果-就"计划：自我控制的自动化

我们怎么解决这个问题呢？如果我们想实施自我控制，就必须找到方法让冷却系统在需要时自动激活，因此我们必须有所准备，否则这是很难实现的。回想一下孩子们是如何抵制小丑先生箱的诱惑的，小丑先生箱一直催促孩子们赶快和其聊天、玩耍，不要总想着先工作再玩耍（见第 5 章）。为了帮助孩子们应对小丑先生箱，研究人员第一次排练了"如果-就"实施计划。例如，"如果小丑先生箱发出扑哧的声音让你看他，跟他玩，你就只看自己的工作，不要看他，并且说'不，我不能，我在工作'"。这样的"如果-就"计划帮助了孩子们坚守自己的目标和工作，抵制了小丑先生箱的哄骗。³

在生活中使用"如果-就"实施计划已经帮助很多成年人和儿童控制了自己的行为，效果比他们自己想象的更加成功。如果我们将这种精心排练的计划用对地方，自控反应就会被与它联结的刺激物自动引发（"如果我走近冰箱，我就不开门""如果我看到酒吧，我就穿过马路到另一边""如果早上 7 点闹钟响了，我就去健身房"）。我们排练和实践的次数越多，这一实施计划就会变得越自动，就可以从努力控制中去除努力。

找到"如果-就"计划的"如果"

如果你希望控制自己的某些冲动反应,创建"如果-就"计划的第一步就是找到触发这些冲动反应的"热点"。在威迪科营地开展的研究中(见第15章),研究人员观察了营地儿童表现出的攻击性程度,同时还观察了他们表现或不表现攻击性时的心理状况。问题行为并不会在不同情境下具有广泛一致性,其产生是高度情境化的,取决于特定类型的情境。例如,虽然总体而言安东尼和吉米的平均攻击性水平相似,但能够激怒他俩的"热点"是完全不同的。当安东尼与同伴发生互动时,即使同伴对他很友好,他也变得暴躁。吉米会在与成年人发生互动时失控,与同伴在一起时,即使遭到取笑和挑衅,他也不会失控。

识别我们自身的"热点"的一个方法就是记录我们每次失控的瞬间,类似于我在第15章中介绍的记录压力反应的自我监测。在这项研究中,人们将每天引发压力的特定心理事件记录下来,识别让他们产生压力的每一种情境,并记录压力的强度。一般来说,他们的"热点"要比他们预期的更具体。比如珍妮发现大多数时候她的压力水平并不会比平均水平高,甚至还低于平均水平,只有在她感到自己被排斥时,压力水平才会非常高。正是在这种情况下,她才会崩溃,并对别人和自己都充满愤怒。一旦我们准确地找到自己的"热点",比如通过记录的方式,我们就可以开始构建并实践具体的"如果-就"实施计划，改变我们应对"热点"的方式。

对于拒绝敏感的比尔来说（见第12章），激怒他的一个特别烦人的情境就是：早餐时他觉得妻子宁愿看报纸，也不理会他。比尔就可以针对这个情境来练习实施计划：每次妻子把头转向报纸头条时，他就马上启动一个冷却策略来分散注意力，比如在心里从100开始倒数，直到平静下来，就能抑制可能产生的破坏性爆发。之后他还可以替换其他建设性方案（"请把报纸里的商业版交给我"），从而帮助自己逐步维持他害怕失去的关系。这虽然听起来过于简单，但实际执行起来却具有惊人的效果，彼得·戈尔维策和加布里埃尔·厄廷根在他们的研究中反复提到了这一点。其中的困难之处在于一直保持改变[4]，这对很多增强自控力的努力而言都是真理，包括节食和戒烟。一旦我们坚持下来，我们的新行为所产生的满足感就可以使这种变化保持下去：新的行为自身就具有了价值，不再是一种负担，而会成为产生满足和自控的源泉。就像所有改变已经长期存在的模式和学习新模式所需要的努力一样，弹钢琴、练习自我约束、避免伤害我们所爱的人，其方法都是"练习，练习，练习"，直到它变成自动的，并成为一种内在回报。

注定失败的预先承诺

如果人们预料到无法控制自己，就常常会尝试做出预先承诺来减少环境的诱惑力：他们会把家里所有无法抵制的不健康食品全部拿走，远离酒精，或者扔掉所有储藏的香烟，设法不再购买这些有诱惑力的东西。如果他们确实要购买，就购买少量、更贵的东西，目的是让自己无法负担这些东西的成本。预先承诺策略，比如圣诞储蓄俱乐部、保险政策、退休金计划等，都是可以获得可观收益的相对低成本的方式。[5]但如果没有相应的承诺，没有具体的"如果-就"实施计划确保其实现，这些策略很可能会变成"新年愿望"。做出不温不火的承诺，然后找到无数种方法躲开它，在这方面我们都具有非凡的创造力。

我曾经在一个已经过世的朋友兼同事的身上见证过这一现象，他是知名心理学家。他不想没完没了地吸烟了，但只是下了一半的决心。他使用的预先承诺策略是拒绝购买任何香烟，但他会向周围的人要香烟。有一次圣诞节期间，哥伦比亚大学所有的办公室里几乎没人，这就限制了他。他在绝望中开始沿着曼哈顿的人行道寻找烟头。他向我描述了最为羞耻的一幕：最终他在百老汇大街上发现了一个看起来十分诱人的烟头，他弯腰把烟头捡起来，当他把烟头拿在手里站起来时，他看到了一张脸，是长期待在那个角落的一个流浪汉。流浪汉也正要伸手捡起那个烟头，但他的速度不够快，于是他冲着我这位优雅体面的朋友抱怨道："我真不敢相信（没想到）！"

虽然我的这个朋友足够聪明、足够了解自己，但他向我们展示的是注定会失败的预先承诺。他表面上要戒烟，但没有请别人来帮助他坚持实现这个目标，比如告诉朋友们"无论我如何恳求，都别给我香烟"，所以他的朋友们都礼貌地回应了他的索要，最后加速了他的失败。他完全能够意识到，为了打败香烟的当下诱惑，他必须在冲动系统想要吸烟时（大多数时候都想要），使违反预先承诺的成本远远高于立刻得到香烟带来的好处。心理治疗师在开展治疗时，无论采取的方向和策略是什么，他们都会定期告诉客户"你必须想要改变"，要强调"想要"。

有效的预先承诺

为了让预先承诺的策略见效，就要将其转变为"如果–就"的实施计划，认知行为疗法就可以提供很多这方面的案例。对于我这个朋友的情境而言，他应该做出这样的预先承诺：对于让他最为痛恨的吸烟诱因（对他而言确实有很多）开具一些大额支票，再加上一份给心理治疗师的授权合同，在他每一次索要香烟或是吸烟时，都请治疗师寄出一张支票。如果你想在没有治疗师的情况下尝试一下这个策略，你可以请会计师、律师、最冷酷的对头或最好的朋友来邮寄你的支票。[6]

对未来收益大打折扣会严重损害健康管理和退休计划。比如，无数美国人等自己真正到了 65 岁时（见第 9 章），都会为自己可怜的积蓄而感到震惊。研究人员发现了这一问题的广泛性和严重性后，就帮助雇主们在签订劳动合同时把参加退休储蓄设置为默认选项，由此避免了人们在自我控制上的缺陷。在某家大型公司中，如果默认选项为不参加 401（k）退休计划，在工作一年后参加 401（k）的比例为40%；如果默认选项是参加或者需要员工主动勾选这一选项才能退出这一计划，参加的比例就会达到 90%。[7]

如果没有遇到如此高瞻远瞩的雇主，我们可以尝试在平静的日子里与未来的自我进行更加紧密的联结，在心中牢记自己要成为谁，成就什么，构建一个有连续性、发展方向和长期目标的生活故事，并且要确保这些连续性、发展方向和长期目标从过去到未来都是清晰可见的。在具体的行动层面，我们可以使用实施计划来督促自己，从我们有资格签订任何一份劳动合同的第一天起，就要选择那个我们能承受的最高比例的退休储蓄计划。如果我们还在原来的工作岗位上，可以实施的计划是：周一早上10点就去与人力确认，我们的退休储蓄计划是否运转正常，正在为我们自动储蓄。这样的策略可以帮助我们避开前面介绍的折扣等式——假定退休计划在我们需要的时候并不会违约，而且我们也健在。

认知重评：这不是奖励，是毒药

我们在第一部分中看到，学龄前儿童对诱惑物的心理呈现方式决定了他们自我控制的效果。当他们对冲动系统进行重评，并降温时，他们就可以等待延迟的奖励。20年后的某个时刻，蓦然回首，我突然意识到这些研究成果对于我自己生活的意义。那是在1985年，但至今仍然历历在目，恍如昨日。

我的两个肘部都长满了可怕的皮疹，就像浸了酸一样疼痛难忍，而且不断蔓延、恶化。痛苦持续了一年之后，我找到一位著名的皮肤科医生，他说我的问题是麸质过敏的一种症状，他的处方会控制症状，但我必须长期服用。他提醒我要经常验血，以便监测该药物可能产生的严重副作用。我很快好转了，皮疹缓解了很多，但一直没好。几个月后，我从医学院图书馆（当时还没有谷歌公司和便捷的互联网搜索）了解到，这是一种人体对存在于小麦、大麦、黑麦中的麸质的自动免疫反应。当时人们对麸质过敏知之甚少。虽然医生开具的药物可以缓解症状，但不能避免这一疾病带来的长期损害，无麸质饮食是唯一的治疗方法。

我又去问皮肤科医生，为什么他不告诉我应该坚持无麸质饮食。他说，在一个充满麸质的世界中，没有人可以坚持完全无麸质饮食，所以也没必要说这个。25 年之后，全世界出现了大量被诊断为麸质过敏的人，其中有很多人（包括我）都在努力坚持无麸质饮食。大家能够这么做，并不是因为格外擅长自控，而是因为新闻报道说麸质对于他们来说是有毒的，因此也就改变了他们的折扣等式中的收益价值。曾经难以抵制的美食，如巧克力软糖、法棍和白酱意面，突然变成他们的毒药。

对于麸质过敏的人来说，对任何麸质食品的浅尝绝对会很快产生痛苦的后果，这一事实会让上述"美食到毒药"的转变非常容易实现，几乎是自动的。但是，如果想戒烟、节食、控制自己的脾气或者把收入储存起来等待退休再用，对于这些行为而言，负面的结果存在于遥远的未来，并且是一种概率事件，而不是立刻、确定会发生的。这些负面结果也是抽象的，不同于疼痛的皮疹或胃肠不适。因此，你必须重新评估，使它们变得具体（比如想象一个场景：医生拿着一张肺部的 X 光检查，告诉你是肺癌），把未来当作当下去想象。

自我疏离：走出自我

尽管我们找到了最好的自我控制计划，愤怒、焦虑、被拒绝的痛苦和其他负面情绪仍是生活不可避免的组成部分，比如在与伴侣或配偶共同生活多年后却被对方抛弃后的心碎（见第 11 章）。许多受到这种伤害的人都会不断重温他们的痛苦经历，增加了自己的悲伤、愤怒和怨恨，然后更深刻地压抑自己。随着他们压力的增加，冲动系统会变得更加主动，甚至破坏冷静系统，并触发一个恶性循环：压力增加→冲动系统主导→负面情绪→长期痛苦→抑郁加深→失去控制→慢性压力→有害性不断增加的心理和生理后果→更大的压力。

为了摆脱这一循环，我们在看待自我和世界时可以暂停这种习惯性的自我沉浸视角。当你再次审视这段痛苦的经历时，不要通过自己的眼睛，而是把自己想象成墙上的一只苍蝇，正在从远处观察发生在第三方身上的事情。这种视角上的变化改变了人们对自身经历的评价和理解。[8] 通过增加你与事件之间的心理距离，可以减少压力，冷却冲动系统，并利用前额叶皮质来重新评估发生的事情，这样你就可以看透它，结束它，再往前迈一步。

促成这些变化的机制仍然有待研究，但从自我沉浸到自我疏离的转换显著地减少了心理和生理压力，让我们能够更好地控制自己的想法和感受。变成墙上一只观察的苍蝇，这一心理技巧值得一试，但仅靠自己并不容易做到，行为认知疗法可以结合本书中介绍的原则和结论来战胜这些困难。[9] 如果出现约翰·契弗的《桥上天使》中的那种情况，人们努力实施自我控制，但无法成功，那么这种疗法可能会特别有用。如果冲动系统可以自发启动一种制造焦虑的关联事物，它就会制造毁灭性的恐惧。如果没人帮助，这种负面关联甚至可以抵制最强的自我控制，除非我们足够幸运地遇到自己的"桥上天使"。

父母们可以做些什么

每次到学校做报告时，我最后都会强调自我控制绝对不是与生俱来的，父母们就会问我："我们能怎么帮助孩子呢？"如果时间足够，我会先告诉他们，**特别重要的是在孕期和幼儿时期保持较低的压力水平**。众所周知，在幼年遭遇极端的持续压力可能会造成严重伤害。更令人惊讶的是，不能低估看似轻微的持续压力源，比如父母间持续的非暴力冲突。生活在这样环境中的婴幼儿，即使他们在睡觉时，父母进行愤怒的对话，他们的大脑也会产生较大的压力反应。[10] 为了将婴儿的压力水平保持在较低水平，父母首先应该认识到新生儿的到来会增加他们的压力，然后尝试减少自身的压力。我们前面介绍过，在面对诱惑和被拒绝时，要控制冲动系统的反应需要一定的策略。这些策略同样适用于对付半夜每隔几小时就大哭要吃奶的婴儿，特别是在你已经筋疲力尽的时候。

从婴儿出生开始，养育人就可以使用分心策略将孩子的注意力从压力感受中转移，关注更有趣的刺激物和活动。随着时间的推移，孩子就学会了通过自我分心来控制注意力，从而减少自己的忧虑，这是发展执行功能的基础。父母可以在这一转变过程中提供有益的指导。布鲁斯是一个作家，他投入了很多时间照顾四岁的儿子。有一次，儿子在等他最喜欢的电视节目，但节目就是不开始，他就开始大发脾气。布鲁斯听说过棉花糖实验，以及孩子们是怎样通过自我分心来等待奖励的，所以他决定和儿子一起试试。他把儿子安抚下来，告诉他有一些方法可以让等待变得容易一些，就是分散自己的注意力，在脑子里或者真正地做一些有趣的事情，直到节目开始。然后儿子就拿起了最喜欢的玩具，离开电视机，并开心地玩起来，直到节目开始。当布鲁斯看到这一切如此简单时，他十分惊喜。后来他又发现儿子似乎从这件事情中学到了经验，在其他情境下也使用了自我分心的方法让延迟更容易实现，布鲁斯简直太开心了。

当小孩子们互相伤害时，分心就不起作用了，特别是当看护人不在身边的时候。伊丽莎白是一名有资质的执业治疗师和咨询师，她在认知行为疗法方面受过良好训练，她在工作中经常遇到在自我控制方面有问题的孩子以及他们的父母。我曾经请她介绍在帮助学龄前儿童控制攻击行为时使用的策略，她给了我一些从自己儿子那里掌握的技巧。她的儿子当时三岁，她说：

> 他总是咬人，有时在学校一天能咬三个小孩。[11] 在尝试了许多策略之后，最终奏效的是一个非常简单的"咬人的男孩得不到甜点"。所以我就去学校接他，了解他当天有没有咬人。如果咬了，那天晚上就没有甜点。第一天，我们事先谈好了这件事，在

上学的路上再排练一遍，把他送到幼儿园后，我让他听着我跟老师们说了这个规则。下午我去学校接他时，得知在一天快结束的时候发生了一次咬人事件。我告诉他："好吧，今晚没有甜点。"他说："好吧，妈妈。"然后我们抱了抱。回到家后，我给他看了看我做的甜点，提醒他，如果他第二天不咬人，那么晚上就可以吃一些，他明白了。每次发生一个事件，我们都会轮流进行头脑风暴，提出可行的策略，找到可以代替咬人的方法，然后我们会在去学校的路上练习。只要他使用了一个新的策略（"妈妈！我跟小朋友谈了谈"），我就会表扬他做了一个正确选择。后来有三四天他都没有咬人，从那之后再也没有发生过咬人事件。

伊丽莎白给出的案例说明了一个重要问题：**要尽早帮助孩子认识到他是有选择的，每个选择都是有后果的**。这个案例同时还说明，可以明确地使用奖励来鼓励恰当的选择。应该用什么作为奖励取决于父母的价值观和每个儿童适合什么。如果父母不想用食品作为奖励，也很容易地找到其他奖品或方案。

孩子们自出生起与养育者之间的情感经历会塑造形成他们的自控力策略。如果父母希望将来孩子与他们关系亲密，同时具有适应性较强的自控力技能，可以通过自己的行为进行引导。也就是说，父母要对于幼儿的需求足够敏感，能够在他们需要时提供支持和帮助，同时也要鼓励幼儿的自主能力。在这种养育模式下，父母实现上述希望的可能性就相对较高。如果父母对孩子存在打扰性的过度控制，或是过多关注自己的需求，较少关注孩子的需求（见第4章），就不太可能实现上述希望。

为了促进孩子的自主性和责任感，我们可以在他们幼年时就帮助他们认识到：他们确实有多种选择，但需要他们自己做出选择，而且每个选择都有结果，好的选择对应好的结果，坏的选择对应坏的结果。回想一下乔治·拉米雷斯，南布朗克斯区混乱的生活环境让他感到迷失和无助，直到后来成为耶鲁大学一名成功的大学生。他把自己"被拯救的人生"起点追溯到9岁的一天，他第一次明白选择和结果之间存在必然联系。在KIPP的第一天，乔治就意识到他确实有选择，而且选择是由他来做出的，并且他有责任处理选择所带来的结果。确保他的选择能够带来应有的结果，则是老师的责任。这也是一堂"如果–就"课程，跟伊丽莎白就她的儿子咬人进行的教育是相同的，咬人的孩子得不到甜点，而乔治的教训是三年级的学生不听课就学不到知识，"如果我对他人礼貌，他们就会对我礼貌"（见第8章）。

父母有很多方式来创造条件让孩子取得成功。**一个重要的策略是与他们一起完成一些愉快却具有挑战性的事情，而且难度要逐渐增大**，无论是学钢琴，搭乐高积木，还是玩攀爬架。对父母而言的挑战是：提供给孩子需要的和想要的支持之后，让他们自己做自己的，而不是包办代替。幼年的成功经历可以帮助孩子形成乐观、基于现实的成功期望和能力期望，并让他们做好准备，发现最终可以给他们带来内在回报的事情（见第8章）。

我们还可以帮助孩子发展"成长理论"的思维模式，让他们认为自己的才干、能力、智力和社会行为并不是固定的先天特征，而是只要付出努力，就可以提升的技能和能力。我们不能只盯着好成绩，夸孩子真聪明，而是应该表扬他们尽自己所能努力了。卡罗尔·德韦克的研究（见第 8 章）显示，引导孩子们将能力和智力视为可塑造的技能，可以帮助他们努力提高自己的表现。同样重要的是，我们可以帮助他们理解并接受失败是生活和学习的一部分，然后鼓励他们找到建设性的方法应对这些挫折，这样他们才能持续努力，而不是焦虑、压抑或逃避。如果我们给他们承诺了推迟的奖励，希望他们愿意为此等待，那我们最好要信守承诺。[12]

"我们能怎么帮助孩子呢？"这个问题的最佳答案是，**你希望他们成为什么样的人，就以身作则**。在孩子的生活中，父母和其他重要人物能否控制自己——他们如何处理压力、挫折和情绪，他们在评估自己的成就时所使用的标准，他们对他人感受所持的同理心和敏感度，他们的态度、目标和价值观，他们的自律策略——会对孩子产生深远影响。父母演示并教会孩子在面对无数挑战时所能采取的所有应对方式，孩子会在自己的成长过程中从中进行选择，并将其改造成为适合他的并且能够见效的方式。

很多研究都显示了榜样的力量，对于克服对狗的恐惧、从心脏手术中恢复、避免不安全的性行为、帮助学龄前儿童掌控攻击性情绪等，即使在短期实验中，榜样也具有强大的影响力。比如在斯坦福大学宾幼儿园中曾经开展了这样一个实验，让学龄前儿童看到友好的成年示范者打骂波波玩偶。后来让孩子们自己玩波波玩偶时[13]，他们就会非常精确地模仿示范者的攻击行为，甚至添加了他们自己的设计。同样，在保龄球游戏实验中，成年示范者得到高分时就奖励自己，并引导一起玩的孩子们也这样做，然后示范者离开，让他们单独打球，示范者的做法同样会对儿童的自我奖励模式和成就标准造成强烈影响。

虚构的人物故事，比如小熊和小老虎这样可爱的小动物或卡通火车头，它们做出的各种建设性和破坏性的事情都会带来不同的后果，这就教会孩子们什么是好的行为和坏的行为，孩子们都喜欢一遍又一遍地反复听这样的故事。学龄前儿童并不知道这些睡前故事和电视教育节目其实是在教他们执行功能。主题故事中不同的角色传递了积极的社会和情感价值，包括如何应对悲伤、如何用语言而不是行动化解愤怒、如何成为一个好朋友、如何表达感激、如何延迟满足等。这样的书和电视节目通过孩子们喜欢的媒介帮助他们学习处理压力和人际冲突、发展执行功能。

无论孩子们是怎样学到这些策略的，只要在四五岁时有幸学会并使用这些方法，无论是妈妈不在时需要独自玩耍，还是在棉花糖实验中等待得到更大的奖励，只要他们需要冷静自己的冲动系统，他们都可以越来越轻松、自然地做到。但我在结束这一讨论前必须重申：**过度推迟满足的人生和无法推迟满足的人生是一样悲哀的**。对我们所有人来说，不仅仅是对孩子们而言，最大的挑战可能是弄清楚什么时候应该为更多的棉花糖而等待，什么时候应该按响铃铛并享受美食。我们首先要学会养成等待的能力，才有这样的选择。

第 20 章

棉花糖里有你的未来

　　"棉花糖里有你的未来"，当我第一次在网上看到自己的研究被冠以这个标题时，我就萌生了写这本书的念头。当我开始写最后一章时，想在谷歌上找到当时那个标题，在搜索过程中我看到了一句话："命运不会写在星星上，但如果它写在我们的基因里呢？"[1]本书的研究不是为了提出一个口号，而是为了讲述一个可以带来很多种结论的故事。这个故事讲的是儿童和成人如何培养自控力，让前额叶皮质有意识地调动冷静系统，调节冲动系统。我们在这一过程中所掌握的技能赋予了我们自由，让我们摆脱诱惑力的掌控，因此也给了我们真正的选择，而不是被当下的冲动和压力胁迫。现代科学给我们上了重要的一课[2]：我们的大脑结构并不是被 DNA 主宰，形成于子宫，而是比我们想象的更有可塑性，我们可以决定怎么过完我们的一生，从而掌控我们的命运。

　　在棉花糖实验中能够延迟满足的学龄前儿童，他们中有很多人

（其实是大多数）会在未来几十年后不断表现出良好的自我控制，但其中一些人的自控能力会稳步下降。此外，当时很快按响铃铛的儿童，有些人在几年后会表现出相反的趋势，他们的自我调节能力会随着年龄的增长而增强。本书要尝试对这些变化进行解读，以揭示它的复杂性，并指出影响人生走向的一些选择。

执行功能和强大的目标

那些在棉花糖实验中坚持下来的儿童，如果没有良好的执行功能是无法做到的。另外，**成功的第二个关键因素是维持努力的动机**，或者说毅力。在感觉像是"永远"那么长的时间里，他们不断地利用自己的头脑和想象力转移注意力，等待成年人回来，一直没有按铃。两块棉花糖——或者饼干，或者任何他们选择的东西——成为他们强大的目标，足以带来英雄般的壮举，让一切努力都变得值得。走出惊喜屋，我们对所爱的人所抱有的愿望清单里面肯定会有一个这样的希望：他们能够发现、偶遇或创造自己的强大目标，激励他们构建自己想要的人生。

布鲁斯·斯普林斯汀第一次在镜子里看到自己抱着吉他的样子时，就找到了他的目标。[3] 乔治·拉米雷斯说他到 KIPP 上学的第一天就找到了自己的目标。马克·欧文在初中时偶然翻开海豹突击队队员写的《绿面人》时，猛然意识到自己就想要成为这样的人，这就是他的目标。戴夫·莱文说他开始当老师时才明白自己为什么来到这个世界上。我们都有自己的故事，随着故事的展开，我们还可以持续地对其进行编辑——回首梳理目标的形成，我们才发现当时甚至都不知道自己有目标；展望未来时，我们仍觉迷惑。

在我很小的时候，我最不喜欢的一位叔叔是一位成功的雨伞生产商，他一直希望我能跟他一起干。他非常烦人地一直问我长大以后想干什么，希望我回答说想要成为他那样的人。对我而言，他帮的忙就是：准确地定义了我不想成为的人，让我开始思考我可能想成为什么人。另一位心理学家（也是我一生的同事和朋友）的职业生涯取得了令人瞩目的成功，他把树立强大目标的过程归功于自己的父亲。在20世纪30年代的大萧条时期，为了维持家庭生计，父亲放弃了对学历和成就的追求，不知疲倦地工作。我的朋友说，他之所以取得成功，是因为他想实现父亲渴望却自愿放弃的生活，这成了他一生的使命。

在我们追求目标的过程中，自我控制能力至关重要，但目标本身也可以给我们方向和动力。它们是带来生活满意的重要因素[4]，我们在早年选择的目标对于我们后来实现的目标、我们对生活的满意度有着惊人的影响力。无论推动我们人生故事的目标是如何形成的，这些目标本身和我们在实现目标时所需的执行功能都很重要。

自控，特别是被贴上"努力控制"的标签时，听起来似乎需要庄严的承诺和艰苦的工作——自愿进入一种放弃自我的生活、被工作驱动的生活、为了未来而放弃当下乐趣的生活。一位熟人告诉我，他最近和朋友们在曼哈顿共进晚餐时谈到了棉花糖实验。其中有一位住在格林威治村的小说家朋友，这位小说家把自己的生活和他哥哥的生活进行了对比。他哥哥是一个非常富有和成功的投资银行家，过着"细条纹西装配爱马仕领带"的生活。哥哥结婚多年，孩子们也都很好。作家弟弟已经出版五部小说，但销量和影响力都不佳。尽管如此，他还是认为自己过得很开心，白天写作，晚上过着单身汉的生活，不停地从一段关系到下一段关系。据他猜测，他那位严肃、拘谨的哥哥可能会为了得到更多的棉花糖而永久等待，而他可能是很快按铃的那个孩子。

事实上，这位小说家如果没有足够的自控力，绝对不可能出版五部著作，而且当他维系那些有趣的亲密关系，不做任何承诺时，可能也是需要自控力的。同样，如果没有足够的自控力，他也无法从自己就读的那所培养创意写作的精英文科学院毕业。不仅是在艺术领域，在其他任何领域的人生成功中，你既需要执行功能，也需要创造性生活，不同的只是目标而已。没有执行功能，就不太可能找到目标并为之坚持，南布朗克斯的孩子们如果没有中签进入 KIPP 学校，面临的就是这种境地。如果没有目标的驱动和胁迫，执行功能只会让我们具备能力却无法有的放矢。

换个角度思考"我是谁"

对于本书所介绍的大脑和行为的可塑性研究，你会做出怎样的反应很大程度上取决于你是否认为人们能够真正控制和改变自己。如果要借助这些研究成果来讨论"我们是谁""我们能成为谁",会有两种相互矛盾的方式进行解释。在你的冲动系统可能会率先得到肯定的结论之前,有必要使用你的冷静系统来思考一下问题的答案对于你的意义。

这两种相互矛盾的解释方式就是:人性的本质到底是可塑的还是固定的。[5]这个问题的答案不仅是科学家们长久以来关注的问题,更为重要的是,它也是我们每个普通人关心的问题。有些人将自控力、意志力、智力和其他特点视为从出生起就一成不变的特质,虽然他们从科学实验中了解到执行功能和自控力可以通过教育干预得到改善,但他们会认为这样的短期作用不太可能产生长期影响,不过是一些小技巧,不足以改变先天特质。与此不同的是,有些人则会认为科学实验证明了我们具有改变的可能,我们可以改变我们的思维和行为,可以改造我们的生活,而不是坐等成为 DNA 抽签的赢家或输家。

如果我们允许实验证据改变我们的个人理论,对大脑可塑性的发现让我们知道人性的本质比我们长久以来想象的更加灵活、可变。我们并不是带着一套稳固的特质来到世界上的,这些特质也无法决定我们能够成为谁。我们在与社会、生物环境的持续互动中成长,这一互动会对很多因素进行塑造:我们的期望,能够驱动我们的目标和价值观,我们对刺激和经历的解读方式,我们构建的人生故事。[6]

在此我要再次引用考费尔和弗朗西斯对于先天与后天的讨论(见第 7 章),"可以具有我们曾经认为只有基因才能具有的决定作用,基因也可以具有我们曾经认为只有环境才能具有的可塑性"。[7]本书始终在传递一个基本信息：**有充足的证据表明，我们可以是积极的主体，可以部分决定其中的互动如何展开**。这让我们形成一个关于人性的观点：与 20 世纪纯粹决定论的观点相比，我们实际上有更多的选择和更多责任。过去的观点将我们的行为归因于环境、DNA、无意识、糟糕的养育、进化或机会。本书所讲述的故事承认这些因素的影响力，但在这条因果链的最后，个人才是行动主体，决定了什么时候按响铃铛。

如果要我从自控力研究中总结一个终极概念，我想起了笛卡儿的名言[8]，因此我会将其总结为"我思故我在"。关于精神、大脑和自我控制的发现又让我们从这一观点出发，并将其转变为"我思，故我可变"。通过改变我们的思维方式，我们可以改变我们的感受、行为、成为什么样的人。如果这引出了另一个问题——"我真的能改变吗"，我会用乔治·凯利对病人说的话来回答。他的病人曾经不停地问他，他们是否还能重拾对生活的控制，他直视着他们的眼睛说："你愿意吗？"

致谢　　　　　　　　　　　　　　　THANKS

我要特别感谢我的三个女儿——朱迪·米歇尔、丽贝卡·米歇尔和琳达·米歇尔·艾斯纳，这本书是献给她们的。儿童时期的她们激发了我的研究，她们也是本书的第一个"主题"；长大后的她们，慷慨地帮助我讲好书中的故事。我的搭档米歇尔·托莱拉·迈尔斯给了我很多好的建议、认真而有创造性的编辑、无尽的支持、宽容和鼓励。我的侄子保罗·米歇尔在整个过程中慷慨贡献了专业的科研经验和智慧、敏锐的洞察力，以及亲切的关注。在书稿形成的许多个阶段，兰·哈辛既是啦啦队长，也是创意编辑和顾问。在斯坦福大学开展早期实验时，伯特·摩尔既是我的学生，也是我的合作研究者，几十年后，他仍然是我的朋友，他充满耐心和关心地反复阅读书稿并给出建议。感谢我的很多同事和朋友（有很多，无法一一列出）对于全部或部分书稿进行建设性的阅读和评价，而且经常反复多次。

我的出版商约翰·布罗克曼坚定地信任本书，帮助推动本书面世。小布朗出版社的编辑特雷西·波哈尔对每一个句子都一再编辑，使其尽可能清晰。萨拉·墨菲也在这一过程中提供了帮助。我的得力助手艾美·科尔处理了很多细节，阅读了大量草稿，并给出宝贵建议，她和布鲁克斯·巴罗斯一起将我的标注编辑成书中的注释。

最后，我要特别感谢这么多年来为我的研究做出贡献和提供合作的孩子们和众多家庭，本书的主要内容都建立在这些研究发现之上。同样，我深深地感谢书稿中提到的学生和同事，他们既是我的合作者，也是我的朋友，是他们构建了我整个科研生涯的这个主题，并使这本书得以完成。这项研究得到了美国国家心理健康研究所和美国国家科学基金会持续提供的慷慨资助。

注释

引言

1. S. M. Carlson, P. D. Zelazo, and S. Faja, "Executive Function," in *Oxford Handbook of Developmental Psychology*, edited by P. D. Zelazo (New York: Oxford University Press, 2013), 706–743.

2. Names introduced in quotes are fictitious to protect confidentiality.

3. W. Mischel, Y. Shoda, and M. L. Rodriguez, "Delay of Gratification in Children," *Science* 244, no. 4907 (1989): 933–938.

4. D. Goleman, *Emotional Intelligence: The 10th Anniversary Edition* (New York: Bantam Books, 2005), 80–83.

5. D. Brooks, "Marshmallows and Public Policy," *New York Times,* May 7, 2006.

6. W. Mischel and D. Brooks "The News from Psychological Science: A Conversation between David Brooks and Walter Mischel," *Perspectives on Psychological Science* 6, no. 6 (2011): 515–520.

7. J. Lehrer, "Don't: The Secret of Self- Control," *The New Yorker,* May 18, 2009.

8. See http://www.kipp.org/ and http://www.schoolsthatcan.org/ for examples.

9. S. Benartzi with R. Lewin, *Save More Tomorrow: Practical Behavioral Finance Solutions to Improve 401(k) Plans* (New York: Penguin Press, 2012).

10. J. Metcalfe and W. Mischel, "A Hot/ Cool System Analysis of Delay of Gratification: Dynamics of Willpower," *Psychological Review* 106, no. 1 (1999): 3–19.

第一部分
第1章

1. T. C. Schelling, *Choice and Consequence: Perspectives of an Errant Economist* (Cambridge, MA: Harvard University Press, 1984), 59.

2. L. J. Borstelmann, "Children before Psychology," in *Handbook of Child Psychology: Vol I: History, Theory, and Methods,* 4th ed., edited by P. H. Mussen and W. Kessen (New York: Wiley, 1983), 3–40.

3. W. Mischel, "Father Absence and Delay of Gratification: Cross-Cultural Comparisons," *Journal of Abnormal and Social Psychology* 63, no. 1 (1961): 116–124; W. Mischel and E. Staub, "Effects of Expectancy on Working and Waiting for Larger Rewards," *Journal of Personality and Social Psychology* 2, no. 5 (1965): 625–633; W. Mischel and J. Grusec, "Waiting for Rewards and Punishments: Effects of Time and Probability on Choice," *Journal of Personality and Social Psychology* 5, no. 1 (1967): 24–31.

4. W. Mischel, *Personality and Assessment* (New York: Wiley, 1968). M. Lewis, "Models of Development," in *Advances in Personality Science*, edited by D. Cervone and W. Mischel (New York: Guilford, 2002), 153–176.

5. W. Mischel, Y. Shoda, and P. K. Peake, "The Nature of Adolescent Competencies Predicted by Preschool Delay of Gratification," *Journal of Personality and Social Psychology* 54, no. 4 (1988): 687–699; W. Mischel, Y. Shoda, and M. L. Rodriguez, "Delay of Gratification in Children," *Science* 244, no. 4907 (1989): 933–938; and Y. Shoda, W. Mischel, and P. K. Peake, "Predicting Adolescent Cognitive and Social Competence from Preschool Delay of Gratification: Identifying Diagnostic Conditions," *Developmental Psychology* 26, no. 6 (1990): 978–986.

6. Ibid. For links between self-control and intelligence, see also A. L. Duckworth and M. E. Seligman, "Self- Discipline Outdoes IQ in Predicting Academic Performance of Adolescents," *Psychological Science* 16, no. 12 (2005): 939–944; and T. E. Moffitt and others, "A Gradient of Childhood Self-Control Predicts Health, Wealth, and Public Safety," *Proceedings of the National Academy of Sciences* 108, no. 7 (2011): 2693–2698.

7. Personal communication from Phil Peake, Smith College, April 9, 2012, and as reported in D. Goleman, *Emotional Intelligence: The 10th Anniversary Edition* (New York: Bantam Books, 2005), 82.

8. O. Ayduk and others, "Regulating the Interpersonal Self: Strategic Self-Regulation for Coping with Rejection Sensitivity," *Journal of Personality and Social Psychology* 79, no. 5 (2000): 776–792.

9. T. R. Schlam and others, "Preschoolers' Delay of Gratification Predicts Their Body Mass 30 Years Later," *Journal of Pediatrics* 162, no. 1 (2013): 90–93.

10. Ayduk, "Regulating the Interpersonal Self."

11. B. J. Casey and others, "Behavioral and Neural Correlates of Delay of Gratification 40 Years Later," *Proceedings of the National Academy of Sciences* 108, no. 36 (2011):

14998–15003.

第 2 章

1. S. Freud, "Formulations Regarding the Two Principles of Mental Functioning" in *Collected Papers,* vol. 4, translated by Joane Riviere (New York: Basic Books, 1959).

2. D. Rapaport, "Some Metapsychological Considerations Concerning Activity and Passivity," in *The Collected Papers of David Rapaport* (New York: Basic Books, 1967), |530–568.

3. W. Mischel and E. B. Ebbesen, "Attention in Delay of Gratification," *Journal of Personality and Social Psychology* 16, no. 2 (1970): 329.

4. W. Mischel, E. B. Ebbesen, and A. R. Zeiss, "Cognitive and Attentional Mechanisms in Delay of Gratification," *Journal of Personality and Social Psychology* 21, no. 2 (1972): 204–218.

5. W. Mischel and B. Moore, "Effects of Attention to Symbolically Presented Rewards on Self-Control," *Journal of Personality and Social Psychology* 28, no. 2 (1973): 172–179.

6. B. Moore, W. Mischel, and A. Zeiss, "Comparative Effects of the Reward Stimulus and Its Cognitive Representation in Voluntary Delay," *Journal of Personality and Social Psychology* 34, no. 3 (1976): 419–424.

7. D. Berlyne, *Conflict, Arousal and Curiosity* (New York: McGraw-Hill, 1980).

8. W. Mischel and N. Baker, "Cognitive Appraisals and Transformations in Delay Behavior," *Journal of Personality and Social Psychology* 31, no. 2 (1975): 254.

9. Mischel, Ebbesen, and Zeiss, "Cognitive and Attentional Mechanisms in Delay of Gratification."

10. G. Seeman and J. C. Schwarz, "Affective State and Preference for Immediate versus Delayed Reward," *Journal of Research in Personality* 7, no. 4 (1974): 384–394; see also B. S. Moore, A. Clyburn, and B. Underwood, "The Role of Affect in Delay of Gratification," *Child Development* 47, no. 1 (1976): 273–276.

11. J. R. Gray, "A Bias toward Short-Term Thinking in Threat-Related Negative Emotional States," *Personality and Social Psychology Bulletin* 25, no. 1 (1999): 65–75.

12. E. H. Wertheim and J. C. Schwarz, "Depression, Guilt, and Self-Management of Pleasant and Unpleasant Events," *Journal of Personality and Social Psychology* 45, no. 4 (1983): 884–889.

13. A. Koriat and M. Nisan. "Delay of Gratification as a Function of Exchange Values and Appetitive Values of the Rewards," *Motivation and Emotion* 2, no. 4 (1978): 375–390.

14. W. Shakespeare, *Hamlet: The New Variorum Edition*, edited by H. H. Furness (Toronto, Ontario:General Publishing Company, 2000), Act II, Scene 2, 245–246.

15. W. Mischel and R. Metzner, "Preference for Delayed Reward as a Function of Age, Intelligence, and Length of Delay Interval," *Journal of Abnormal and Social Psychology* 64, no. 6 (1962): 425–431.

16. B. T. Yates and W. Mischel, "Young Children's Preferred Attentional Strategies for Delaying Gratification," *Journal of Personality and Social Psychology* 37, no. 2 (1979): 286–300; H. N. Mischel and W. Mischel, "The Development of Children's Knowledge of Self-Control Strategies," *Child Development* 54, no. 3 (1983): 603–619.

17. Mischel and Mischel, "The Development of Children's Knowledge of Self-Control Strategies."

18. M. L. Rodriguez, W. Mischel, and Y. Shoda, "Cognitive Person Variables in the Delay of Gratification of Older Children at Risk," *Journal of Personality and Social Psychology* 57, no. 2 (1989): 358–367.

第二部分
第 3 章

1. For how the hot and cool systems work, see J. Metcalfe and W. Mischel, "A Hot/Cool System Analysis of Delay of Gratification: Dynamics of Willpower," *Psychological Review* 106, no. 1 (1999): 3–19.

2. J. A. Gray, *The Psychology of Fear and Stress,* 2nd ed. (New York: McGraw-Hill, 1987); J. LeDoux, *The Emotional Brain* (New York: Simon and Schuster, 1996); J. Metcalfe and W. J. Jacobs, "A 'Hot-System/Cool-System' View of Memory under Stress," *PTSD Research Quarterly* 7, no. 2 (1996): 1–3.

3. S. Freud, "Formulations Regarding the Two Principles of Mental Functioning" in *Collected Papers,* vol. 4, translated by Joane Riviere (New York: Basic Books, 1959).

4. Although it is useful to speak and think about "two" systems, they are closely connected brain regions and their neural circuits communicate with each other and interact continuously.

5. A. F. Arnsten, "Stress Signaling Pathways That Impair Prefrontal Cortex Structure and Function," *Nature Reviews Neuroscience* 10, no. 6 (2009): 410–422.

6. H. N. Mischel and W. Mischel, "The Development of Children's Knowledge of Self-Control Strategies," *Child Development* 54, no. 3 (1983): 603–619. For recent work adapting the Marshmallow Test for use at younger ages see P. D. Zelazo and S. M. Carlson, "Hot and Cool Executive Function in Childhood and Adolescence: Development and Plasticity," *Child Development Perspectives* 6, no. 4 (2012): 354–360.

7. O. Ayduk and others, "Regulating the Interpersonal Self: Strategic Self-Regulation for Coping with Rejection Sensitivity," *Journal of Personality and Social Psychology* 79, no. 5 (2000): 776–792.

8. A. L. Duckworth and M. E. Seligman, "Self-Discipline Gives Girls the Edge: Gender in Self-Discipline, Grades, and Achievement Test Scores," *Journal of Educational Psychology* 98, no. 1 (2006): 198–208.

9. G. Kochanska, K. C. Coy, and K. T. Murray, "The Development of Self-Regulation in the First Four Years of Life," *Child Development* 72, no. 4 (2001): 1091–1111.

10. Duckworth and Seligman, "Self-Discipline Gives Girls the Edge."

11. I. W. Silverman, "Gender Differences in Delay of Gratification: A Meta-Analysis," *Sex Roles* 49, nos. 9/10 (2003): 451–463.

12. A. Prencipe and P. D. Zelazo, "Development of Affective Decision Making for Self and Other Evidence for the Integration of First-and Third-Person Perspectives," *Psychological Science* 16, no. 7 (2005): 501–505.

13. B. S. McEwen, "Protective and Damaging Effects of Stress Mediators: Central Role of the Brain," *Dialogues in Clinical Neuroscience* 8, no. 4 (2006): 283–297.

14. Arnsten, "Stress Signaling Pathways," p. 410; R. M. Sapolsky, "Why Stress Is Bad for Your Brain," *Science* 273, no. 5276 (1996): 749–750.

15. B. S. McEwen and P. J. Gianaros, "Stress- and Allostasis-Induced Brain Plasticity," *Annual Review of Medicine* 62 (2011): 431–445.

16. W. Shakespeare, *Hamlet: The New Variorum Edition,* edited by H. H. Furness (Toronto: General Publishing Company, 2000).

第 4 章

1. M. D. S. Ainsworth and others, *Patterns of Attachment: A Psychological Study of the Strange Situation* (Hillsdale, NJ: Erlbaum, 1978).

2. A. Sethi and others, "The Role of Strategic Attention Deployment in Development of Self-Regulation: Predicting Preschoolers' Delay of Gratification from Mother-Toddler Interactions," *Developmental Psychology* 36, no. 6 (2000): 767.

3. G. Kochanska, K. T. Murray, and E. T. Harlan, "Effortful Control in Early Childhood: Continuity and Change, Antecedents, and Implications for Social Development," *Developmental Psychology* 36, no. 2 (2000): 220–232; N. Eisenberg and others, "Contemporaneous and Longitudinal Prediction of Children's Social Functioning from Regulation and Emotionality," *Child Development* 68, no. 4 (1997): 642–664.

4. It is the human version of what the rat moms do when they lick and groom (LG) their pups. The rat pups who have high LG mothers perform better on cognitive tasks and display less physiological arousal to acute stress, compared with those who are stuck with low LG mothers (M. J. Meaney, "Maternal Care, Gene Expression, and the Transmission of Individual Differences in Stress Reactivity across Generations," *Annual Review of Neuroscience* 24 (2001): 1161–1192).

5. C. Harman, M. K. Rothbart, and M. I. Posner, "Distress and Attention Interactions in Early Infancy," *Motivation and Emotion* 21, no. 1 (1997): 27–44; M. I. Posner and M. K. Rothbart, *Educating the Human Brain,* Human Brain Development Series (Washington, DC: APA Books, 2007).

6. L. A. Sroufe, "Attachment and Development: A Prospective, Longitudinal Study from Birth to Adulthood," *Attachment and Human Development* 7, no. 4 (2005): 349–367; M. Mikulincer and P. R. Shaver, *Attachment Patterns in Adulthood: Structure, Dynamics, and Change* (New York: Guilford Press, 2007).

7. A. M. Graham, P. A. Fisher, and J. H. Pfeifer, "What Sleeping Babies Hear: A Functional MRI Study of Interparental Conflict and Infants' Emotion Processing," *Psychological Science* 24, no. 5 (2013): 782–789.

8. Center on the Developing Child at Harvard University, *Building the Brain's "Air Traffic Control" System: How Early Experiences Shape the Development of Executive Function: Working Paper No. 11* (2011).

9. Posner and Rothbart, *Educating the Human Brain*.

10. Ibid., 79.

11. P. D. Zelazo, "The Dimensional Change Card Sort (DCCS): A Method of Assessing Executive Function in Children," *Nature: Protocols* 1, no. 1 (2006): 297–301.

12. Center on the Developing Child, *Building the Brain's "Air Traffic Control" System*.

13. P. D. Zelazo and S. M. Carlson, "Hot and Cool Executive Function in Childhood and Adolescence: Development and Plasticity," *Child Development Perspectives* 6, no. 4 (2012): 354–360.

14. P. Roth, *Portnoy's Complaint* (New York: Random House, 1967).

15. Ibid., 16.

16. M. L. Rodriguez and others, "A Contextual Approach to the Development of Self-Regulatory Competencies: The Role of Maternal Unresponsivity and Toddlers' Negative Affect in Stressful Situations," *Social Development* 14, no. 1 (2005): 136–157.

17. A. Bernier, S. M. Carlson, and N. Whipple, "From External Regulation to Self-Regulation: Early Parenting Precursors of Young Children's Executive Functioning," *Child Development* 81, no. 1 (2010): 326–339.

18. Sroufe, "Attachment and Development"; and A. A. Hane and N. A. Fox, "Ordinary Variations in Maternal Caregiving Influence Human Infants' Stress Reactivity," *Psychological Science* 17, no. 6 (2006): 550–556.

第 5 章

1. S. H. Butcher and A. Lang, *Homer's Odyssey* (London: Macmillan, 1928), 197.

2. W. Mischel, "Processes in Delay of Gratification," in *Advances in Experimental Social Psychology*, edited by L. Berkowitz, vol. 7 (New York: Academic Press, 1974), 249–292.

3. W. Mischel and C. J. Patterson, "Substantive and Structural Elements of Effective Plans for Self-Control," *Journal of Personality and Social Psychology* 34, no. 5 (1976): 942–950; C. J. Patterson and W. Mischel, "Effects of Temptation-Inhibiting and Task-Facilitating Plans on Self-Control," *Journal of Personality and Social Psychology* 33, no. 2 (1976): 209–217.

4. For examples of *If-Then* implementation plans, see P. M. Gollwitzer, "Implementation Intentions: Strong Effects of Simple Plans," *American Psychologist* 54, no. 7 (1999): 493–503; P. M. Gollwitzer, C. Gawrilow, and G. Oettingen, "The Power of Planning: Self-Control by Effective Goal-Striving," in *Self Control in Society,*

Mind, and Brain, edited by R. R. Hassin and others (New York: Oxford University Press, 2010), 279–296; G. Stadler, G. Oettingen, and P. Gollwitzer, "Intervention Effects of Information and Self-Regulation on Eating Fruits and Vegetables Over Two Years," *Health Psychology* 29, no. 3 (2010): 274-283.

5. P. M. Gollwitzer, "Goal Achievement: The Role of Intentions," *European Review of Social Psychology* 4, no. 1 (1993): 141–185; P. M. Gollwitzer and V. Brandstätter, "Implementation Intentions and Effective Goal Pursuit," *Journal of Personality and Social Psychology* 73, no. 1 (1997): 186–199.

6. For the concept of two systems, one that "thinks fast" and another that "thinks slow" and is effortful and "lazy," see D. Kahneman, *Thinking, Fast and Slow* (New York: Farrar, Straus and Giroux, 2011).

7. C. Gawrilow, P. M. Gollwitzer, and G. Oettingen, "If-Then Plans Benefit Executive Functions in Children with ADHD," *Journal of Social and Clinical Psychology* 30, no. 6 (2011): 616–646; and C. Gawrilow and P. M. Gollwitzer, "Implementation Intentions Facilitate Response Inhibition in Children with ADHD," *Cognitive Therapy and Research* 32, no. 2 (2008): 261–280.

第 6 章

1. W. Mischel, "Father Absence and Delay of Gratification: Cross-Cultural Comparisons," *Journal of Abnormal and Social Psychology* 63, no. 1 (1961): 116–124.

2. Young children's decision making on the marshmallow task is moderated by beliefs about environmental reliability. Ibid.; W. Mischel and E. Staub, "Effects of Expectancy on Working and Waiting for Larger Rewards," *Journal of Personality and Social Psychology* 2, no. 5 (1965): 625–633; W. Mischel and J. C. Masters, "Effects of Probability of Reward Attainment on Responses to Frustration," *Journal of Personality and Social Psychology* 3, no. 4 (1966): 390–396; W. Mischel and J. Grusec, "Waiting for Rewards and Punishments: Effects of Time and Probability on Choice," *Journal of Personality and Social Psychology* 5, no. 1 (1967): 24–31; C. Kidd, H. Palmieri, and R. N. Aslin, "Rational Snacking: Young Children's Decision-Making on the Marshmallow Task Is Moderated by Beliefs about Environmental Reliability," *Cognition* 126, no. 1 (2012): 109–114.

3. D. Lattin, *The Harvard Psychedelic Club: How Timothy Leary, Ram Dass, Huston Smith, and Andrew Weil Killed the Fifties and Ushered In a New Age for America* (New York: HarperCollins, 2011).

4. W. Mischel and C. Gilligan, "Delay of Gratification, Motivation for the Prohibited Gratification, and Resistance to Temptation," *Journal of Abnormal and Social Psychology* 69, no. 4 (1964): 411–417.

5. This was an early demonstration that such choice preferences can predict important behavior like gaining weight, excessive risk taking, drug use, etc. Researchers now often

use such choices as a shortcut measure when the Marshmallow Test cannot be used.

6. See S. M. McClure and others, "Separate Neural Systems Value Immediate and Delayed Monetary Rewards," *Science* 306, no. 5695 (2004): 503–507.

7. B. Figner and others, "Lateral Prefrontal Cortex and Self-Control in Intertemporal Choice," *Nature Neuroscience* 13, no. 5 (2010): 538–539.

8. For an alternative interpretation of these results see J. W. Kable and P. W. Glimcher, "An 'As Soon as Possible' Effect in Human Intertemporal Decision Making: Behavioral Evidence and Neural Mechanisms," *Journal of Neurophysiology* 103, no. 5 (2010): 2513–2531.

9. McClure, "Separate Neural Systems," 506.

10. E. Tsukayama and A. L. Duckworth, "Domain-Specific Temporal Discounting and Temptation," *Judgment and Decision Making* 5, no. 2 (2010): 72–82.

11. O. Wilde, *Lady Windermere's Fan: A Play about a Good Woman,* Act I (1892). For research on the same point, see E. Tsukayama, A. L. Duckworth, and B. Kim, "Resisting Everything Except Temptation: Evidence and an Explanation for Domain-Specific Impulsivity," *European Journal of Personality* 26, no. 3 (2011): 318–334.

第 7 章

1. J. D. Watson with A. Berry, *DNA: The Secret of Life* (New York: Knopf Doubleday Publishing Group, 2003), 361.

2. B. F. Skinner, *Science and Human Behavior* (New York: Macmillan, 1953).

3. S. Pinker, *The Blank Slate: The Modern Denial of Human Nature* (New York: Penguin, 2003).

4. N. Angier, "Insights from the Youngest Minds," *New York Times,* May 3, 2012; F. Xu, E. S. Spelke, and S. Goddard, "Number Sense in Human Infants," *Developmental Science* 8, no. 1 (2005): 88–101.

5. M. K. Rothbart, L. K. Ellis, and M. I. Posner, "Temperament and Self-Regulation," in *Handbook of Self-Regulation: Research, Theory, and Applications,* edited by K. D. Vohs and R. F. Baumeister (New York: Guilford, 2011), 441–460.

6. A. H. Buss and R. Plomin, *Temperament: Early Developing Personality Traits* (Hillsdale, NJ: Erlbaum, 1984); D. Watson and L. A. Clark, "The PANAS-X: Manual for the Positive and Negative Affect Schedule — Expanded Form," University of Iowa, Iowa Research Online (1999); and M. K. Rothbart and S. A. Ahadi, "Temperament and the Development of Personality," *Journal of Abnormal Psychology* 103, no. 1 (1994): 55–66.

7. S. H. Losoya and others, "Origins of Familial Similarity in Parenting: A Study of Twins and Adoptive Siblings," *Developmental Psychology* 33, no. 6 (1997): 1012; R. Plomin, "The Role of Inheritance in Behavior," *Science* 248, no. 4952 (1990): 183–188.

8. W. Mischel, Y. Shoda, and O. Ayduk, *Introduction to Personality: Toward an Integrative Science of the Person,* 8th ed. (New York: Wiley, 2008).

9. D. Kaufer and D. Francis, "Nurture, Nature, and the Stress That Is Life," in *Future Science: Cutting-Edge Essays from the New Generation of Scientists,* edited by M. Brockman (New York: Oxford University Press, 2011), 56–71.

10. Mischel, Shoda, and Ayduk, *Introduction to Personality.*

11. F. A. Champagne and R. Mashoodh, "Genes in Context: Gene-Environment Interplay and the Origins of Individual Differences in Behavior," *Current Directions in Psychological Science* 18, no. 3 (2009): 127–131.

12. K. M. Radtke and others, "Transgenerational Impact of Intimate Partner Violence on Methylation in the Promoter of the Glucocorticoid Receptor," *Translational Psychiatry* 1, no. 7 (2011): e21.

13. D. D. Francis and others, "Maternal Care, Gene Expression, and the Development of Individual Differences in Stress Reactivity," *Annals of the New York Academy of Sciences* 896, no. 1 (1999): 66–84.

14. Ibid.; I. C. Weaver and others, "Epigenetic Programming by Maternal Behavior," *Nature Neuroscience* 7, no. 8 (2004): 847–854.

15. L. A. Schmidt and N. A. Fox, "Individual Differences in Childhood Shyness: Origins, Malleability, and Developmental Course," in *Advances in Personality Science,* edited by D. Cervone and W. Mischel (New York: Guilford, 2002), 83–105.

16. D. D. Francis and others, "Epigenetic Sources of Behavioral Differences in Mice," *Nature Neuroscience* 6, no. 5 (2003): 445–446.

17. R. M. Cooper and J. P. Zubek, "Effects of Enriched and Restricted Early Environments on the Learning Ability of Bright and Dull Rats," *Canadian Journal of Psychology/ Revue Canadienne de Psychologie* 12, no. 3 (1958): 159–164.

18. M. J. Meaney, "Maternal Care, Gene Expression, and the Transmission of Individual Differences in Stress Reactivity across Generations," *Annual Review of Neuroscience* 24, no. 1 (2001): 1161–1192.

19. J. R. Flynn, "The Mean IQ of Americans: Massive Gains 1932 to 1978," *Psychological Bulletin* 95, no. 1 (1984): 29–51; J. R. Flynn, "Massive IQ Gains in 14 Nations: What IQ Tests Really Measure," *Psychological Bulletin* 101, no. 2 (1987): 171–191.

20. Watson and Berry, *DNA: The Secret of Life,* 391.

21. A. Caspi and others, "Influence of Life Stress on Depression: Moderation by a Polymorphism in the 5-HTT Gene," *Science* 301, no. 5631 (2003): 386–389.

22. Mischel, Shoda, and Ayduk, *Introduction to Personality.*

23. Kaufer and Francis, "Nurture, Nature, and the Stress That Is Life," 63.

第三部分

1. B. K. Payne, "Weapon Bias: Split-Second Decisions and Unintended Stereotyping," *Current Directions in Psychological Science* 15, no. 6 (2006): 287–291.

第 8 章

1. Source for material in this section: personal interview with George Ramirez, March 14, 2013, at KIPP Academy Middle School, South Bronx; G. Ramirez, unpublished autobiography, March 2013; and G. Ramirez, "Changed by the Bell," *Yale Herald,* February 17, 2012.

2. D. Remnick, *"New Yorker* Profiles: 'We Are Alive' — Bruce Springsteen at Sixty-Two," *The New Yorker,* July 30, 2012, 56.

3. EF is sometimes called executive control or EC.

4. E. T. Berkman, E. B. Falk, and M. D. Lieberman, "Interactive Effects of Three Core Goal Pursuit Processes on Brain Control Systems: Goal Maintenance, Performance Monitoring, and Response Inhibition," *PLoS ONE* 7, no. 6 (2012): e40334.

5. P. D. Zelazo and S. M. Carlson, "Hot and Cool Executive Function in Childhood and Adolescence: Development and Plasticity," *Child Development Perspectives* 6, no. 4 (2012): 354–360; B. J. Casey and others, "Behavioral and Neural Correlates of Delay of Gratification 40 Years Later," *Proceedings of the National Academy of Sciences* 108, no. 36 (2011): 14998–15003; and M. I. Posner and M. K. Rothbart, *Educating the Human Brain,* Human Brain Development Series (Washington, DC: APA Books, 2007).

6. C. Blair, "School Readiness: Integrating Cognition and Emotion in a Neurobiological Conceptualization of Children's Functioning at School Entry," *American Psychologist* 57, no. 2 (2002): 111–127; and R. A. Barkley, "The Executive Functions and Self-Regulation: An Evolutionary Neuropsychological Perspective," *Neuropsychology Review* 11, no. 1 (2001): 1–29.

7. K. L. Bierman and others, "Executive Functions and School Readiness Intervention: Impact, Moderation, and Mediation in the Head Start REDI Program," *Development and Psychopathology* 20, no. 3 (2008): 821–843; and M. M. McClelland and others, "Links between Behavioral Regulation and Preschoolers' Literacy, Vocabulary, and Math Skills," *Developmental Psychology* 43, no. 3 (2007): 947–959.

8. Posner and Roth- bart, *Educating the Human Brain.*

9. N. Eisenberg and others, "The Relations of Emotionality and Regulation to Children's Anger-Related Reactions," *Child Development* 65, no. 1 (1994): 109–128; A. L. Hill and others, "Profiles of Externalizing Behavior Problems for Boys and Girls across Preschool: The Roles of Emotion Regulation and Inattention," *Developmental Psychology* 42, no. 5 (2006): 913–928; and G. Kochanska, K. Murray, and K. C. Coy, "Inhibitory Control as a Contributor to Conscience in Childhood: From Toddler to Early School Age," *Child Development* 68, no. 2 (1997): 263–277.

10. M. L. Rodriguez, W. Mischel, and Y. Shoda, "Cognitive Person Variables in the Delay of Gratification of Older Children at Risk," *Journal of Personality and Social Psychology* 57, no. 2 (1989): 358–367; and O. Ayduk, W. Mischel, and G. Downey, "Attentional Mechanisms Linking Rejection to Hostile Reactivity: The Role of 'Hot' versus 'Cool' Focus," *Psychological Science* 13, no. 5 (2002): 443–448.

11. E. Tsukayama, A. L. Duckworth, and B. E. Kim, "Domain-Specific Impulsivity in School-Age Children," *Developmental Science* 16, no. 6 (2013): 879–893.

12. S. M. Carlson and R. F. White, "Executive Function, Pretend Play, and Imagination," in *The Oxford Handbook of the Development of Imagination*, edited by M. Taylor (New York: Oxford University Press, 2013).

13. S. M. Carlson and L. J. Moses, "Individual Differences in Inhibitory Control and Children's Theory of Mind," *Child Development* 72, no. 4 (2001): 1032–1053.

14. Giacomo Rizzolatti quoted in S. Blakeslee, "Cells That Read Minds," *New York Times,* January 10, 2006.

15. S. E. Taylor and A. L. Stanton, "Coping Resources, Coping Processes, and Mental Health," *Annual Review of Clinical Psychology* 3 (2007): 377–401.

16. S. Saphire-Bernstein and others, "Oxytocin Receptor Gene (OXTR) Is Related to Psychological Resources," *Proceedings of the National Academy of Sciences* 108, no. 37 (2011): 15118; and B. S. McEwen, "Protective and Damaging Effects of Stress Mediators: Central Role of the Brain," *Dialogues in Clinical Neuroscience* 8, no. 4 (2006): 283–297.

17. A. Bandura, *Self-Efficacy: The Exercise of Control* (New York: Freeman, 1997); and A. Bandura, "Toward a Psychology of Human Agency," *Perspectives on Psychological Science* 1, no. 2 (2006): 164–180.

18. C. Dweck, *Mindset: The New Psychology of Success* (New York: Random House, 2006).

19. Ibid., 57.

20. W. Piper, *The Little Engine That Could* (New York: Penguin, 1930).

21. W. Mischel, R. Zeiss, and A. Zeiss, "Internal-External Control and Persistence: Validation and Implications of the Stanford Preschool Internal- External Scale," *Journal of Personality and Social Psychology* 29, no. 2 (1974): 265–278.

22. Bandura, "Toward a Psychology of Human Agency."

23. M. R. Lepper, D. Greene, and R. E. Nisbett, "Undermining Children's Intrinsic Interest with Extrinsic Reward: A Test of the 'Overjustification' Hypothesis," *Journal of Personality and Social Psychology* 28, no. 1 (1973): 129–137; and E. L. Deci, R. Koestner, and R. M. Ryan, "A Meta-Analytic Review of Experiments Examining the Effects of Extrinsic Rewards on Intrinsic Motivation," *Psychological Bulletin* 125, no. 6 (1999):627–668.

24. S. E. Taylor and D. A. Armor, "Positive Illusions and Coping with Adversity," *Journal of Personality* 64, no. 4 (1996): 873–898; and Saphire-Bernstein and others, "Oxytocin Receptor Gene (OXTR) Is Related to Psychological Resources." See also C. S. Carver, M. F. Scheier, and S. C. Segerstrom, "Optimism," *Clinical Psychology Review* 30, no. 7 (2010): 879–889.

25. M. E. Scheier, J. K. Weintraub, and C. S. Carver, "Coping with Stress: Divergent Strategies of Optimists and Pessimists," *Journal of Personality and Social Psychology* 51, no. 6 (1986): 1257–1264.

26. W. T. Cox and others, "Stereotypes, Prejudice, and Depression: The Integrated

Perspective," *Perspectives on Psychological Science* 7, no. 5 (2012): 427–449.

27. L. Y. Abramson, M. E. Seligman, and J. D. Teasdale, "Learned Helplessness in Humans: Critique and Reformulation," *Journal of Abnormal Psychology* 87, no. 1 (1978): 49–74.

28. C. Peterson, M. E. Seligman, and G. E. Valliant, "Pessimistic Explanatory Style Is a Risk Factor for Physical Illness: A Thirty-Five-Year Longitudinal Study," *Journal of Personality and Social Psychology* 55, no. 1 (1988): 23–27.

29. C. Peterson and M. E. Selig- man "Explanatory Style and Illness," *Journal of Personality* 55, no. 2 (1987): 237–265.

30. Interview with Seligman reported in D. Goleman, "Research Affirms Power of Positive Thinking," *New York Times,* February 3, 1987. See also M. E. Scheier and C. S. Carver, "Dispositional Optimism and Physical Well-Being: The Influence of Generalized Outcome Expectancies on Health," *Journal of Personality* 55, no. 2 (1987): 169–210; and Carver, Scheier, and Segerstrom, "Optimism."

31. Quoted in D. Goleman, *Emotional Intelligence,* 10th Anniversary Edition (New York: Bantam Books, 2005), 88–89.

第 9 章

1. J. P. Kimble, ed., *Shakespeare's As You Like It: A Comedy* (London: S. Gosnell, Printer, 1810), Act II, Scene 7, 139–166.

2. H. Ersner-Hershfield and others, "Don't Stop Thinking about Tomorrow: Individual Differences in Future Self- Continuity Account for Saving," *Judgment and Decision Making* 4, no. 4 (2009): 280–286.

3. This discussion draws extensively on "The Face Tool" section in S. Benartzi with R. Lewin, *Save More Tomorrow: Practical Behavioral Finance Solutions to Improve 401(k) Plans* (New York: Penguin Press, 2012).

4. H. Ersner-Hershfield, G. E. Wimmer, and B. Knutson, "Saving for the Future Self: Neural Measures of Future Self-Continuity Predict Temporal Discounting," *Social Cognitive and Affective Neuroscience* 4, no. 1 (2009): 85–92.

5. Ersner-Hershfield and others, "Don't Stop Thinking about Tomorrow."

6. H. E. Hershfield and others, "Increasing Saving Behavior through Age-Progressed Renderings of the Future Self," *Journal of Marketing Research: Special Issue* 48, SPL (2011): 23–37.

7. Benartzi, *Save More Tomorrow,* 142–158; Hershfield and others, "Increasing Saving Behavior" ; S. M. McClure and others, "Separate Neural Systems Value Immediate and Delayed Monetary Rewards," *Science* 306, no. 5695 (2004): 503–507.

8. H. E. Hershfield, T. R. Cohen, and L. Thompson, "Short Horizons and Tempting Situations: Lack of Continuity to Our Future Selves Leads to Unethical Decision Making and Behavior," *Organizational Behavior and Human Decision Processes* 117, no. 2 (2012): 298–310.

第 10 章

1. Y. Trope and N. Liberman, "Construal Level Theory," in *Handbook of Theories of Social Psychology,* vol. 1, edited by P. A. M. Van Lange and others (New York: Sage Publications, 2012), 118–134; N. Liberman and Y. Trope, "The Psychology of Transcending the Here and Now," *Science* 322, no. 5905 (2008): 1201–1205.

2. D. T. Gilbert and T. D. Wilson, "Prospection: Experiencing the Future," *Science* 317, no. 5843 (2007): 1351–1354.

3. D. T. Gilbert and J. E. Ebert, "Decisions and Revisions: The Affective Forecasting of Changeable Outcomes," *Journal of Personality and Social Psychology* 82, no. 4 (2002): 503– 514; D. Gilbert, *Stumbling on Happiness* (New York: Knopf, 2006); and D. Kahneman and J. Snell, "Predicting a Changing Taste: Do People Know What They Will Like?," *Journal of Behavioral Decision Making* 5, no. 3 (1992): 187–200.

4. D. I. Tamir and J. P. Mitchell, "The Default Network Distinguishes Construals of Proximal versus Distal Events," *Journal of Cognitive Neuroscience* 23, no. 10 (2011): 2945–2955.

5. What Metcalfe and Mischel ("A Hot/Cool System Analysis of Delay of Gratification: Dynamics of Willpower," *Psychological Review* 106, no. 1 [1999]: 3–19) call the hot system overlaps with what other researchers call the default system (Tamir and Mitchell, "The Default Network") or the visceral system (G. Loewenstein, "Out of Control: Visceral Influences on Behavior," *Organizational Behavior and Human Decision Processes* 65, no. 3 [1996]: 272–292) or System 1 (D. Kahneman, *Thinking, Fast and Slow* [New York: Farrar, Straus and Giroux, 2011]).

6. K. Fujita and others, "Construal Levels and Self-Control," *Journal of Personality and Social Psychology* 90, no. 3 (2006): 351–367.

7. Ibid.; W. Mischel and B. Moore, "Effects of Attention to Symbolically Presented Rewards on Self- Control," *Journal of Personality and Social Psychology* 28, no. 2 (1973): 172–179; W. Mischel and N. Baker, "Cognitive Appraisals and Transformations in Delay Behavior," *Journal of Personality and Social Psychology* 31, no. 2 (1975): 254.

8. H. Kober and others, "Prefrontal-Striatal Pathway Underlies Cognitive Regulation of Craving," *Proceedings of the National Academy of Sciences* 107, no. 33 (2010): 14811–14816.

9. J. A. Silvers and others, "Neural Links between the Ability to Delay Gratification and Regu-lation of Craving in Childhood." Society for Neuroscience Annual Meeting, San Diego, CA, 2013.

10. For regulation of craving by cognitive strategies in cigarette smokers, see Kober, "Prefrontal-Striatal Pathway" ; R. E. Bliss and others, "The Influence of Situation and Coping on Relapse Crisis Outcomes after Smoking Cessation," *Journal of Consulting and Clinical Psychology* 57, no. 3 (1989): 443–449; S. Shiffman and others, "First Lapses to Smoking: Within-Subjects Analysis of Real-Time Reports," *Journal of Consulting and*

Clinical Psychology 64, no. 2 (1996): 366–379.

11. As George Loewenstein（"Out of Control"）noted, doctors generally smoke less than most people, but the difference is greatest among those who regularly deal with images of the smoke-blackened lungs of their diseased patients.

12. W. Mischel, Y. Shoda, and O. Ayduk, *Introduction to Personality: Toward an Integrative Science of the Person,* 8th ed. (New York: Wiley, 2008).

13. This work was done in collaboration also with Yuichi Shoda.

14. Y. Shoda and others, "Psychological Interventions and Genetic Testing: Facilitating Informed Decisions about BRCA1/2 Cancer Susceptibility," *Journal of Clinical Psychology in Medical Settings* 5, no. 1 (1998): 3–17. See also S. J. Curry and K. M. Emmons, "Theoretical Models for Predicting and Improving Compliance with Breast Cancer Screening," *Annals of Behavioral Medicine* 16, no. 4 (1994): 302–316.

15. S. M. Miller, "Monitoring and Blunting: Validation of a Questionnaire to Assess Styles of Information Seeking under Threat," *Journal of Personality and Social Psychology* 52, no. 2 (1987): 345–353.

16. S. M. Miller and C. E. Mangan, "Inter- acting Effects of Information and Coping Style in Adapting to Gynecologic Stress: Should the Doctor Tell All?," *Journal of Personality and Social Psychology* 45, no. 1 (1983): 223–236.

17. Miller and Man- gan, "Interacting Effects of Information and Coping Style"；and S. M. Miller, "Monitoring versus Blunting Styles of Coping with Cancer Influence the Information Patients Want and Need about Their Disease: Implications for Cancer Screening and Management," *Cancer* 76, no. 2 (1995): 167–177.

第 11 章

1. A. Luerssen and O. Ayduk, "The Role of Emotion and Emotion Regulation in the Ability to Delay Gratification," in *Handbook of Emotion Regulation,* 2nd ed., edited by J. Gross (2014); and E. Kross and O. Ayduk, "Facilitating Adaptive Emotional Analysis: Distinguishing Distanced-Analysis of Depressive Experiences from Immersed-Analysis and Distraction," *Personality and Social Psychology Bulletin* 34, no. 7 (2008): 924–938.

2. S. Nolen-Hoeksema, "The Role of Rumination in Depressive Disorders and Mixed Anxiety/Depressive Symptoms," *Journal of Abnormal Psychology* 109, no. 3 (2000): 504–511; S. Nolen- Hoeksema, B. E. Wisco, and S. Lyubomirsky, "Rethinking Rumination," *Perspectives on Psychological Science* 3, no. 5 (2008): 400–424.

3. E. Kross, O. Ayduk, and W. Mischel, "When Asking 'Why' Does Not Hurt: Distinguishing Rumination from Reflective Processing of Negative Emotions," *Psychological Science* 16, no. 9 (2005): 709–715.

4. O. Ayduk and E. Kross, "From a Distance: Implications of Spontaneous Self-Distancing for Adaptive Self-Reflection," *Journal of Personality and Social Psychology* 98, no. 5 (2010): 809–829.

5. O. Ayduk and E. Kross, "Enhancing the Pace of Recovery: Self-Distanced Analysis of Negative Experiences Reduces Blood Pressure Reactivity," *Psychological Science* 19, no. 3 (2008): 229–231.

6. Ayduk and Kross, "From a Distance," study 3.

7. J. J. Gross and O. P. John, "Individual Differences in Two Emotion Regulation Processes: Implications for Affect, Relationships, and Well-Being," *Journal of Personality and Social Psychology* 85, no. 2 (2003): 348–362; and K. N. Ochsner and J. J. Gross, "Cognitive Emotion Regulation Insights from Social Cognitive and Affective Neuroscience," *Current Directions in Psychological Science* 17, no. 2 (2008): 153–158.

8. K. A. Dodge, "Social-Cognitive Mechanisms in the Development of Conduct Disorder and Depression," *Annual Review of Psychology* 44, no. 1 (1993): 559–584; K. L. Bierman and others, "School Outcomes of Aggressive-Disruptive Children: Prediction from Kindergarten Risk Factors and Impact of the Fast Track Prevention Program," *Aggressive Behavior* 39, no. 2 (2013): 114–130.

9. E. Kross and others, "The Effect of Self- Distancing on Adaptive versus Maladaptive Self-Reflection in Children," *Emotion-APA* 11, no. 5 (2011): 1032–1039.

10. E. Kross and others, "Social Rejection Shares Somatosensory Representations with Physical Pain," *Proceedings of the National Academy of Sciences* 108, no. 15 (2011): 6270–6275.

11. N. I. Eisenberger, M. D. Lieberman, and K. D. Williams, "Does Rejection Hurt? An fMRI Study of Social Exclusion," *Science* 302, no. 5643 (2003): 290–292.

12. E. Selcuk and others, "Mental Representations of Attachment Figures Facilitate Recovery Following Upsetting Autobiographical Memory Recall," *Journal of Personality and Social Psychology* 103, no. 2 (2012): 362–378.

第 12 章

1. R. Romero-Canyas and others, "Rejection Sensitivity and the Rejection-Hostility Link in Romantic Relationships," *Journal of Personality* 78, no. 1 (2010): 119–148; and G. Downey and others, "The Self-Fulfilling Prophecy in Close Relationships: Rejection Sensitivity and Rejection by Romantic Partners," *Journal of Personality and Social Psychology* 75, no. 2 (1998): 545–560.

2. V. Purdie and G. Downey, "Rejection Sensitivity and Adolescent Girls' Vulnerability to Relationship- Centered Difficulties," *Child Maltreatment* 5, no. 4 (2000): 338–349.

3. O. Ayduk, W. Mischel, and G. Downey, "Attentional Mechanisms Linking Rejection to Hostile Reactivity: The Role of 'Hot' versus 'Cool' Focus," *Psychological Science* 13, no. 5 (2002): 443–448; O. Ayduk, G. Downey, and M. Kim, "Rejection Sensitivity and Depressive Symptoms in Women," *Personality and Social Psychology Bulletin* 27, no. 7 (2001): 868–877.

4. G. Bush, P. Luu, and M. I. Posner, "Cognitive and Emotional Influences in Anterior

Cingulate Cortex," *Trends in Cognitive Sciences* 4, no. 6 (2000): 215–222. See also G. M. Slavich and others, "Neural Sensitivity to Social Rejection Is Associated with Inflammatory Responses to Social Stress," *Proceedings of the National Academy of Sciences* 107, no. 33 (2010): 14817–14822.

5. R. M. Sapolsky, L. M. Romero, and A. U. Munck, "How Do Glucocorticoids Influence Stress Responses? Integrating Permissive, Suppressive, Stimulatory, and Preparative Actions," *Endocrine Reviews* 21, no. 1 (2000): 55–89.

6. O. Ayduk and others, "Regulating the Interpersonal Self: Strategic Self-Regulation for Coping with Rejection Sensitivity," *Journal of Personality and Social Psychology* 79, no. 5 (2000): 776–792.

7. O. Ayduk and others, "Rejection Sensitivity and Executive Control: Joint Predictors of Borderline Personality Features," *Journal of Research in Personality* 42, no. 1 (2008): 151–168.

8. O. Ayduk and others, "Regulating the Interpersonal Self."

9. For the benefits of writing about emotional experiences see J. W. Pennebaker, *Opening Up: The Healing Power of Expressing Emotion* (New York: Guilford Press, 1997), and J. W. Pennebaker, "Writing about Emotional Experiences as a Therapeutic Process," *Psychological Science* 8, no. 3 (1997): 162–166.

10. T. R. Schlam and others, "Preschoolers' Delay of Gratification Predicts Their Body Mass 30 Years Later," *Journal of Pediatrics* 162, no. 1 (2012): 91.

11. T. E. Moffitt and others, "A Gradient of Childhood Self-Control Predicts Health, Wealth, and Public Safety," *Proceedings of the National Academy of Sciences* 108, no. 7 (2011): 2693–2698.

第 13 章

1. Daniel Gilbert discusses both the psychological and the biological immune systems in *Stumbling on Happiness* (New York: Knopf, 2006), 162. For how the psychological immune system also leads to poor predictions of future happiness, see D. T. Gilbert and T. D. Wilson, "Prospection: Experiencing the Future," *Science* 317, no. 5843 (2007): 1351–1354; and D. T. Gilbert and others, "Immune Neglect: A Source of Durability Bias in Affective Forecasting," *Journal of Personality and Social Psychology* 75, no. 3 (1998): 617–638.

2. S. E. Taylor and D. A. Armor, "Positive Illusions and Coping with Adversity," *Journal of Personality* 64, no. 4 (1996): 873–898; and S. E. Taylor and P. M. Gollwitzer, "Effects of Mindset on Positive Illusions," *Journal of Personality and Social Psychology* 69, no. 2 (1995): 213–226.

3. D. G. Myers, "Self- Serving Bias," in *This Will Make You Smarter: New Scientific Concepts to Improve Your Thinking,* edited by J. Brockman (New York: Harper Perennial, 2012), 37–38.

4. S. E. Taylor and others, "Are Self-Enhancing Cognitions Associated with Healthy or

Unhealthy Biological Profiles?," *Journal of Personality and Social Psychology* 85, no. 4 (2003): 605–615.

5. S. E. Taylor and others, "Psychological Resources, Positive Illusions, and Health," *American Psychologist* 55, no. 1 (2000): 99–109.

6. D. A. Armor and S. E. Taylor, "When Predictions Fail: The Dilemma of Unrealistic Optimism," in *Heuristics and Biases: The Psychology of Intuitive Judgment,* edited by T. Gilovich, D. Griffin, and D. Kahneman (New York: Cambridge University Press, 2002), 334–347; and S. E. Taylor and J. D. Brown, "Illusion and Well-Being: A Social Psychological Perspective on Mental Health," *Psychological Bulletin* 103, no. 2 (1988): 193–210.

7. M. D. Alicke, "Global Self-Evaluation as Determined by the Desirability and Controllability of Trait Adjectives," *Journal of Personality and Social Psychology* 49, no. 6 (1985): 1621–1630; and G. W. Brown and others, "Social Support, Self- Esteem and Depression," *Psychological Medicine* 16, no. 4 (1986):813–831.

8. Gilbert, *Stumbling on Happiness,* 162.

9. A. T. Beck and others, *Cognitive Therapy of Depression* (New York: Guilford Press, 1979).

10. P. M. Lewinsohn and others, "Social Competence and Depression: The Role of Illusory Self-Perceptions," *Journal of Abnormal Psychology* 89, no. 2 (1980): 203–212.

11. L. B. Alloy and L. Y. Abramson, "Judg- ment of Contingency in Depressed and Nondepressed Students: Sadder but Wiser?," *Journal of Experimental Psychology: General* 108, no. 4 (1979): 441–485.

12. J. Wright and W. Mischel, "Influence of Affect on Cognitive Social Learning Person Variables," *Journal of Personality and Social Psychology* 43, no. 5 (1982): 901–914; see also A. M. Isen and others, "Affect, Accessibility of Material in Memory, and Behavior: A Cognitive Loop?," *Journal of Personality and Social Psychology* 36, no. 1 (1978): 1–12.

13. To learn about regulating and cooling anxiety and other negative emotions, see J. Gross, "Emotion Regulation: Taking Stock and Moving Forward," *Emotion* 13, no. 3 (2013): 359–365; and K. N. Ochsner and others, "Rethinking Feelings: An fMRI Study of the Cognitive Regulation of Emotion," *Journal of Cognitive Neuroscience* 14, no. 8 (2002): 1215–1229.

14. S. E. Taylor and others, "Portrait of the Self-Enhancer: Well Adjusted and Well Liked or Maladjusted and Friendless?," *Journal of Personality and Social Psychology* 84, no. 1 (2003): 165–176.

15. S. M. Carlson and L. J. Moses, "Individual Differences in Inhibitory Control and Children's Theory of Mind," *Child Development* 72, no. 4 (2001): 1032–1053.

16. E. Diener and M. E. Seligman, "Very Happy People," *Psychological Science* 13, no. 1 (2002): 81–84; E. L. Deci and R. M. Ryan, eds., *Handbook of Self-Determination Research* (Rochester, NY: University of Rochester Press, 2002).

17. D. Kahneman, *Thinking, Fast and Slow* (New York: Farrar, Straus and Giroux, 2011).

18. S. Shane and S. G. Stolberg, "A Brilliant Career with a Meteoric Rise and an Abrupt Fall," *New York Times,* November 10, 2012.

19. M. Konnikova, *The Limits of Self-Control: Self-Control, Illusory Control, and Risky Financial Decision Making,* PhD dissertation, Columbia University, 2013.

20. Kahneman, *Thinking, Fast and Slow,* 256.

21. T. Astebro, "The Return to Independent Invention: Evidence of Unrealistic Optimism, Risk Seeking or Skewness Loving?," *Economic Journal* 113, no. 484 (2003): 226–239; and T. Astebro and S. Elhedhli, "The Effectiveness of Simple Decision Heuristics: Forecasting Commercial Success for Early-Stage Ventures," *Management Science* 52, no. 3 (2006): 395–409.

22. Reported in Kahneman, *Thinking, Fast and Slow,* 263, based on E. S. Berner and M. L. Graber, "Overconfidence as a Cause of Diagnostic Error in Medicine," *American Journal of Medicine* 121, no. 5 (2008): S2–S23.

23. W. Mischel, *Personality and Assessment* (New York: Wiley, 1968).

24. Mischel, *Personality and Assessment;* and J. J. Lasky and others, "Post-Hospital Adjustment as Predicted by Psychiatric Patients and by Their Staff," *Journal of Consulting Psychology* 23, no. 3 (1959): 213–218.

25. W. Mischel, "Predicting the Success of Peace Corps Volunteers in Nigeria," *Journal of Personality and Social Psychology* 1, no. 5 (1965): 510–517.

26. Kahneman, *Thinking, Fast and Slow.*

27. C. Pogash, "A Self-Improvement Quest That Led to Burned Feet," *New York Times,* July 22, 2012.

第 14 章

1. R. V. Burton, "Generality of Honesty Reconsidered," *Psychological Review* 70, no. 6 (1963): 481–499.

2. J. M. Caher, *King of the Mountain: The Rise, Fall, and Redemption of Chief Judge Sol Wachtler* (Amherst, NY: Prometheus Books, 1998).

3. J. Surowiecki, "Branded a Cheat," *The New Yorker,* December 21, 2009.

4. D. Gilson, "Only Little People Pay Taxes," *Mother Jones,* April 18, 2011.

5. W. Mischel, *Personality and Assessment* (New York: Wiley, 1968); W. Mischel, Y. Shoda, and O. Ayduk, *Introduction to Personality: Toward an Integrative Science of the Person,* 8th ed. (New York: Wiley, 2008).

6. D. T. Gilbert and P. S. Malone, "The Correspondence Bias," *Psychological Bulletin* 117, no. 1 (1995), 21–38; M. D. Lieberman and others, "Reflexion and Reflection: A Social Cognitive Neuroscience Approach to Attributional Inference," *Advances in Experimental Social Psychology* 34 (2002): 199–249; Mischel, *Personality and Assessment.*

7. H. Hartshorne, M. A. May, and J. B. Maller, *Studies in the Nature of Character, II*

Studies in Service and Self-Control (New York: Macmillan, 1929); Mischel, *Personality and Assessment;* W. Mischel, "Toward an Integrative Science of the Person (Prefatory Chapter)," *Annual Review of Psychology* 55 (2004): 1–22; T. Newcomb, "The Consistency of Certain Extrovert- Introvert Behavior Patterns in Fifty-One Problem Boys," *Teachers College Record* 31, no. 3 (1929): 263–265; W. Mischel and P. K. Peake, "Beyond Déjà Vu in the Search for Cross-Situational Consistency," *Psychological Review* 89, no. 6 (1982): 730–755.

8. Mischel, *Personality and Assessment.*

9. J. Block, "Millennial Contrarianism: The Five-Factor Approach to Personality Description 5 Years Later," *Journal of Research in Personality* 35, no. 1 (2001): 98–107; W. Mischel, "Toward a Cognitive Social Learning Reconceptualization of Personality," *Psychological Review* 80, no. 4 (1973): 252–283; W. Mischel, "From *Personality and Assessment* (1968) to Personality Science," *Journal of Research in Personality* 43, no. 2 (2009): 282–290.

10. I. Van Mechelen, "A Royal Road to Understanding the Mechanisms Underlying Person-in-Context Behavior," *Journal of Research in Personality* 43, no. 2 (2009): 179–186; and V. Zayas and Y. Shoda, "Three Decades after the Personality Paradox: Understanding Situations," *Journal of Research in Personality* 43, no. 2 (2009): 280–281.

11. Kahneman, *Thinking, Fast and Slow;* Mischel, *Personality and Assessment;* Van Mechelen, "A Royal Road to Understanding."

12. J. C. Wright and W. Mischel, "A Conditional Approach to Dispositional Constructs: The Local Predictability of Social Behavior," *Journal of Personality and Social Psychology* 53, no. 6 (1987): 1159–1177; and W. Mischel and Y. Shoda, "A Cognitive-Affective System Theory of Personality: Reconceptualizing Situations, Dispositions, Dynamics, and Invariance in Personality Structure," *Psychological Review* 102, no. 2 (1995): 246–268.

第 15 章

1. J. C. Wright and W. Mischel, "Conditional Hedges and the Intuitive Psychology of Traits," *Journal of Personality and Social Psychology* 55, no. 3 (1988): 454–469.

2. See W. Mischel, *Personality and Assessment* (New York: Wiley, 1968); and W. Mischel, "Toward an Integrative Science of the Person (Prefatory Chapter)," *Annual Review of Psychology* 55 (2004): 1–22.

3. Key findings and methods are in Y. Shoda, W. Mischel, and J. C. Wright, "Intraindividual Stability in the Organization and Patterning of Behavior: Incorporating Psychological Situations into the Idiographic Analysis of Personality," *Journal of Personality and Social Psychology* 67, no. 4 (1994): 674–687; W. Mischel and Y. Shoda, "A Cognitive-Affective System Theory of Personality: Reconceptualizing Situations, Dispositions, Dynamics, and Invariance in Personality Structure," *Psychological Review* 102, no. 2 (1995): 246–268.

4. A. L. Zakriski, J. C. Wright, and M. K. Underwood, "Gender Similarities and Differences

in Children's Social Behavior: Finding Personality in Contextualized Patterns of Adaptation," *Journal of Personality and Social Psychology* 88, no. 5 (2006): 844–855; and R. E. Smith and others, "Behavioral Signatures at the Ballpark: Intraindividual Consistency of Adults' Situation- Behavior Patterns and Their Interpersonal Consequences," *Journal of Research in Personality* 43, no. 2 (2009): 187–195.

5. M. A. Fournier, D. S. Moskowitz, and D. C. Zuroff, "Integrating Dispositions, Signatures, and the Interpersonal Domain," *Journal of Personality and Social Psychology* 94, no. 3 (2008): 531–545; I. Van Mechelen, "A Royal Road to Understanding the Mechanisms Underlying Person-in-Context Behavior," *Journal of Research in Personality* 43, no. 2 (2009): 179–186; and O. Ayduk and others, "Verbal Intelligence and Self-Regulatory Competencies: Joint Predictors of Boys' Aggression," *Journal of Research in Personality* 41, no. 2 (2007): 374–388.

6. Mischel and Shoda, "A Cognitive-Affective System Theory of Personality."

7. W. Mischel and P. K. Peake, "Beyond Déjà Vu in the Search for Cross-Situational Consistency," *Psychological Review* 89, no. 6 (1982): 730–755.

8. Mischel and Shoda, "A Cognitive-Affective System Theory of Personality."

9. Mischel and Peake, "Beyond Déjà Vu in the Search for Cross-Situational Consistency."

10. W. Mischel, "Continuity and Change in Personality," *American Psychologist* 24, no. 11 (1969): 1012–1018.

11. Y. Shoda and others, "Cognitive- Affective Processing System Analysis of Intra-Individual Dynamics in Collaborative Therapeutic Assessment: Translating Basic Theory and Research into Clinical Applications," *Journal of Personality* 81, no. 6 (2013): 554–568.

12. These relationships were influenced importantly by the child's intelligence. See Ayduk, "Verbal Intelligence and Self-Regulatory Competencies."

第 16 章

1. J. Cheever, "The Angel of the Bridge," *The New Yorker,* October 21, 1961.

2. J. LeDoux, *The Emotional Brain* (New York: Simon and Schuster, 1996); J. LeDoux, "Parallel Memories: Putting Emotions Back into the Brain," in *The Mind: Leading Scientists Explore the Brain, Memory, Personality, and Happiness,* edited by J. Brockman (New York: HarperCollins, 2011), 31–47.

3. For a discussion of this kind of "classical conditioning" see W. Mischel, Y. Shoda, and O. Ayduk, *Introduction to Personality: Toward an Integrative Science of the Person,* 8th ed. (New York: Wiley, 2008), Chapter 10.

4. J. Wolpe, *Reciprocal Inhibition Therapy* (Stanford, CA: Stanford University Press, 1958), 71.

5. A. Bandura, *Principles of Behavior Modification* (New York: Holt, Rinehart and Winston, 1969); G. L. Paul, *Insight vs. Desensitization in Psychotherapy* (Stanford, CA: Stanford University Press, 1966); and A. T. Beck and others, *Cognitive Therapy of*

Depression (New York: Guilford Press, 1979).

6. Bandura, *Principles of Behavior Modification.*

7. Ibid.; A. Bandura, J. E. Grusec, and F. L. Menlove, "Vicarious Extinction of Avoidance Behavior," *Journal of Personality and Social Psychology* 5, no. 1 (1967): 16–23; and A. Bandura and F. L. Menlove, "Factors Determining Vicarious Extinction of Avoidance Behavior through Symbolic Modeling," *Journal of Personality and Social Psychology* 8, no. 2 (1968): 99–108.

8. L. Williams, "Guided Mastery Treatment of Agoraphobia: Beyond Stimulus Exposure," in *Progress in Behavior Modification,* vol. 26, edited by M. Hersen, R. M. Eisler, and P. M. Miller (Newbury Park, CA: Sage, 1990), 89–121.

9. A. Bandura, "Albert Bandura," in *A History of Psychology in Autobiography,* vol. 9, edited by G. Lindzey and W. M. Runyan (Washington, DC: American Psychological Association, 2006), 62–63.

10. Paul, *Insight vs. Desensitization in Psychotherapy;* G. L. Paul, "Insight versus Desensitization in Psychotherapy Two Years after Termination," *Journal of Consulting Psychology* 31, no. 4 (1967): 333–348.

第 17 章

1. M. Muraven, D. M. Tice, and R. F. Baumeister, "Self-Control as Limited Resource: Regulatory Depletion Patterns," *Journal of Personality and Social Psychology* 74, no. 3 (1998): 774–789.

2. R. F. Baumeister and others, "Ego Depletion: Is the Active Self a Limited Resource?," *Journal of Personality and Social Psychology* 74, no. 5 (1998): 1252–1265.

3. R. F. Baumeister and J. Tierney, *Willpower: Rediscovering the Greatest Human Strength* (New York: Pen- guin Press, 2011).

4. M. Inzlicht and B. J. Schmeichel, "What Is Ego Depletion? Toward a Mechanistic Revision of the Resource Model of Self-Control," *Perspectives on Psychological Science* 7, no. 5 (2012): 450–463.

5. M. Muraven and E. Slessareva, "Mechanisms of Self-Control Failure: Motivation and Lim- ited Resources," *Personality and Social Psychology Bulletin* 29, no. 7 (2003): 894–906.

6. C. Martijn and others, "Getting a Grip on Ourselves: Challenging Expectancies about Loss of Energy after Self-Control," *Social Cognition* 20, no. 6 (2002): 441–460.

7. V. Job, C. S. Dweck, and G. M. Walton, "Ego Depletion — Is It All in Your Head? Implicit Theories about Willpower Affect Self-Regulation," *Psychological Science* 21, no. 11 (2010):1686–1693.

8. See also D. C. Molden and others, "Motivational versus Metabolic Effects of Carbohydrates on Self-Control," *Psychological Science* 23, no. 10 (2012): 1137–1144.

9. P. Druckerman, *Bringing Up Bébé: One American Mother Discovers the Wisdom of*

French Parenting (New York: Penguin Press, 2012).

10. A. Chua, *Battle Hymn of the Tiger Mother* (London: Bloomsbury, 2011).

11. J. R. Harris, *The Nurture Assumption: Why Kids Turn Out the Way They Do* (London: Bloomsbury, 1998).

12. A. Bandura, "Vicarious Processes: A Case of No-Trial Learning," in *Advances in Experimental Social Psychology,* vol. 2, edited by L. Berkowitz (New York: Academic Press, 1965), 1–55.

13. W. Mischel and R. M. Liebert, "Effects of Discrepancies between Observed and Imposed Reward Criteria on Their Acquisition and Transmission," *Journal of Personality and Social Psychology* 3, no. 1 (1966): 45–53; W. Mischel and R. M. Liebert, "The Role of Power in the Adoption of Self-Reward Patterns," *Child Development* 38, no. 3 (1967): 673–683.

14. The impact of models depends on characteristics like their warmth, nurturance, and power. See J. Grusec and W. Mischel, "Model's Characteristics as Determinants of Social Learning," *Journal of Personality and Social Psychology* 4, no. 2 (1966): 211–215; and W. Mischel and J. Grusec, "Determinants of the Rehearsal and Transmission of Neutral and Aversive Behaviors," *Journal of Personality and Social Psychology* 3, no. 2 (1966): 197–205.

15. Models also powerfully influence children's willingness to choose larger delayed rewards rather than smaller immediate rewards. See A. Bandura and W. Mischel, "Modification of Self-Imposed Delay of Reward Through Exposure to Live and Symbolic Models," *Journal of Personality and Social Psychology* 2, no. 5 (1965): 698–705.

16. M. Owen with K. Maurer, *No Easy Day: The First- Hand Account of the Mission That Killed Osama bin Laden* (New York: Dutton, 2012).

17. Ibid., author's note, XI.

第四部分
第 18 章

1. W. Mischel, "Walter Mischel," in *A History of Psychology in Autobiography,* vol. 9, edited by G. E. Lindzey and W. M. Runyan (Washington, DC: American Psychological Association, 2007), 229–267.

2. B. S. McEwen and P. J. Gianaros, "Stress- and Allostasis-Induced Brain Plasticity," *Annual Review of Medicine* 62 (2011): 431–445; Center on the Developing Child at Harvard University, *Building the Brain's "Air Traffic Control" System: How Early Experiences Shape the Development of Executive Function: Working Paper No. 11* (2011); and M. I. Posner and M. K. Rothbart, *Educating the Human Brain,* Human Brain Development Series (Washington, DC: APA Books, 2007).

3. M. R. Rueda and others, "Training, Maturation, and Genetic Influences on the Development of Executive Attention," *Proceedings of the National Academy of Sciences* 102, no. 41

(2005): 14931–14936.

4. A. Diamond and others, "Preschool Program Improves Cognitive Control," *Science* 318, no. 5855 (2007): 1387–1388; and N. R. Riggs and others, "The Mediational Role of Neurocognition in the Behavioral Outcomes of a Social-Emotional Prevention Program in Elementary School Students: Effects of the PATHS Curriculum," *Prevention Science* 7, no. 1 (2006): 91–102.

5. C. Gawrilow, P. M. Gollwitzer, and G. Oettingen, "If-Then Plans Benefit Executive Functions in Children with ADHD," *Journal of Social and Clinical Psychology* 30, no. 6 (2011); and C. Gawrilow and others, "Mental Contrasting with Implementation Intentions Enhances Self-Regulation of Goal Pursuit in School- children at Risk for ADHD," *Motivation and Emotion* 37, no. 1 (2013): 134–145.

6. T. Klingberg and others, "Computerized Training of Working Memory in Children with ADHD — a Randomized, Controlled Trial," *Journal of the American Academy of Child and Adolescent Psychiatry* 44, no. 2 (2005): 177–186.

7. Y. Y. Tang and others, "Short- Term Meditation Training Improves Attention and Self-Regulation," *Proceedings of the National Academy of Sciences* 104, no. 43 (2007): 17152–17156; A. P. Jha, J. Krompinger, and M. J. Baime, "Mindfulness Training Modifies Subsystems of Attention," *Cognitive, Affective, & Behavioral Neuroscience* 7, no. 2 (2007): 109–119. See also M. K. Rothbart and others, "Enhancing Self-Regulation in School and Clinic," in *Minnesota Symposia on Child Psychology: Meeting the Challenge of Translational Research in Child Psychology,* vol. 35, edited by M. R.Gunner and D. Cicchetti (Hoboken, NJ: Wiley, 2009), 115–158.

8. M. D. Mrazek and others, "Mindfulness Training Improves Working Memory Capacity and GRE Performance While Reducing Mind Wandering," *Psychological Science* 24, no. 5 (2013): 776–781.

9. McEwen and Gianaros, "Stress- and Allostasis-Induced Brain Plasticity."

10. Center on the Developing Child, *Building the Brain's "Air Traffic Control" System,* 12.

11. D. Brooks, "When Families Fail," *New York Times,* February 12, 2013.

12. "Sesame Workshop" ®, "Sesame Street" ®, and associated characters, trademarks, and design elements are owned and licensed by Sesame Workshop. © 2013 Sesame Workshop. All rights reserved.

13. S. Fisch and R. Truglio, eds., "The Early Window Project: *Sesame Street* Prepares Children for School," in *"G" Is for Growing: Thirty Years of Research on Sesame Street* (Mahwah, NJ: Erlbaum, 2001), 97–114.

14. N. E. Adler and J. Stewart, eds., *The Biology of Disadvantage: Socioeconomic Status and Health* (Boston, MA: Wiley-Blackwell, 2010).

15. Robin Hood Excellence Program, supported by Paul Tudor-Jones, and Michael Druckman's Schools That Can are other examples of the many diverse efforts currently being pursued.

16. Defined by qualifying for the free or reduced-cost lunch program.

17. Personal interview with KIPP student, March 14, 2013, at KIPP Academy Middle School, South Bronx, NY.

18. These data are from Mischel interviews with Dave Levin, February 22, 2013, and with Mitch Brenner, April 17, 2013.

19. Personal communication from Dave Levin at KIPP to Mischel on December 26, 2013.

20. Y. Shoda, W. Mischel, and P. K. Peake, "Predicting Adolescent Cognitive and Social Competence from Preschool Delay of Gratification: Identifying Diagnostic Conditions," *Developmental Psychology* 26, no. 6 (1990): 978–986.

21. In some states this reflects the fact that preschool education is not funded by the state.

第 19 章

1. G. Ainslie and R. J. Herrnstein, "Preference Reversal and Delayed Reinforcement," *Animal Learning and Behavior* 9, no. 4 (1981): 476–482.

2. D. Laibson, "Golden Eggs and Hyperbolic Discounting," *Quarterly Journal of Economics* 112, no. 2 (1997): 443–478.

3. P. M. Gollwitzer and G. Oettingen, "Goal Pursuit," in *The Oxford Handbook of Human Motivation,* edited by R. M. Ryan (New York: Oxford University Press, 2012), 208–231.

4. R. W. Jeffery and others, "Long- Term Maintenance of Weight Loss: Current Status," *Health Psychology* 19, no. 1S (2000): 5–16.

5. M. J. Crockett and others, "Restricting Temptations: Neural Mechanisms of Precommit-ment," *Neuron* 79, no. 2 (2013): 391–401.

6. See for example D. Ariely and K. Wertenbroch, "Procrastination, Deadlines, and Performance: Self-Control by Precommitment," *Psychological Science* 13, no. 3 (2002): 219–224.

7. D. Laibson, "Psychological and Economic Voices in the Policy Debate," presentation at Psychological Science and Behavioral Economics in the Service of Public Policy, the White House, Washington, DC, May 22, 2013. See also R. H. Thaler and C. R. Sunstein, *Nudge: Improving Decisions about Health, Wealth, and Happiness* (New York: Penguin, 2008).

8. E. Kross and others, "Asking Why from a Distance: Its Cognitive and Emotional Consequences for People with Major Depressive Disorder," *Journal of Abnormal Psychology* 121, no. 3 (2012): 559–569; and E. Kross and O. Ayduk, "Making Meaning out of Negative Experiences by Self-Distancing," *Current Directions in Psychological Science* 20, no. 3 (2011): 187–191.

9. B. A. Alford and A. T. Beck, *The Integrative Power of Cognitive Therapy* (New York: Guilford Press, 1998); and A. T. Beck and others, *Cognitive Therapy of Depression* (New York: Guilford Press, 1979).

10. A. M. Graham, P. A. Fisher, and J. H. Pfeifer, "What Sleeping Babies Hear: A Functional

MRI Study of Interparental Conflict and Infants' Emotion Processing," *Psychological Science* 24, no. 5 (2013): 782–789.

11. Quotes from personal communication with "Elizabeth" on August 27, 2013.

12. L. Michaelson and others, "Delaying Gratification Depends on Social Trust," *Frontiers in Psychology* 4 (2013): 355; W. Mischel, "Processes in Delay of Gratification," in *Advances in Experimental Social Psychology,* edited by L. Berkowitz, vol. 7 (New York: Academic Press, 1974), 249–292.

13. A. Bandura, D. Ross, and S. A. Ross, "Transmission of Aggression through Imitation of Aggressive Models," *Journal of Abnormal and Social Psychology* 63, no. 3 (1961): 575–582.

第 20 章

1. Radiolab: http://www.radiolab.org/story/ 96056-your-future-marshmallow/.

2. P. D. Zelazo and W. A. Cunningham, "Executive Function: Mechanisms Underlying Emotion Regulation," in *Handbook of Emotion Regulation,* edited by J. J. Gross (New York: Guilford Press, 2007), 135–158; and Center on the Developing Child at Harvard University, *Building the Brain's "Air Traffic Control" System: How Early Experiences Shape the Development of Executive Function: Working Paper No. 11* (2011).

3. P. A. Carlin, *Bruce* (New York: Touchstone, 2012), 24.

4. Originally published in W. G. Bowen and D. Bok, *The Shape of the River: Long-Term Consequences of Considering Race in College and University Admissions* (Princeton, NJ: Princeton University Press, 1998); and C. Nickerson, N. Schwarz, and E. Diener, "Financial Aspirations, Financial Success, and Overall Life Satisfaction: Who? And How?," *Journal of Happiness Studies* 8, no. 4 (2007): 467–515. For a summary of the essential findings see D. Kahneman, *Thinking, Fast and Slow* (New York: Farrar, Straus and Giroux, 2011), 401–402.

5. W. Mischel, "Continuity and Change in Personality," *American Psychologist* 24, no. 11 (1969): 1012–1018; and W. Mischel, "Toward an Integrative Science of the Person (Prefatory Chapter)," *Annual Review of Psychology* 55 (2004): 1–22.

6. C. M. Morf and W. Mischel, "The Self as a Psycho-Social Dynamic Processing System: Toward a Converging Science of Selfhood," in *Handbook of Self and Identity,* 2nd ed., edited by M. Leary and J. Tangney (New York: Guilford, 2012), 21–49.

7. D. Kaufer and D. Francis, "Nurture, Nature, and the Stress That Is Life," in *Future Science: Cutting-Edge Essays from the New Generation of Scientists,* edited by M. Brockman (New York: Oxford University Press, 2011), 63.

8. R. Descartes, *Principles of Philosophy,* Part I, article 7 (1644).